Midjourney
AI服装设计创作教程
— AI Fashion Design Creation Guide —

从入门到精通

王筑陵 著

东华大学出版社·上海

图书在版编目（CIP）数据

Midjourney：AI 服装设计创作教程 / 王筑陵著 .
上海：东华大学出版社，2025. 2. -- ISBN 978-7-5669-2484-1

Ⅰ. TS941.26

中国国家版本馆 CIP 数据核字第 20255RA198 号

Midjourney AI 服装设计创作教程
Midjourney AI Fuzhuang Sheji Chuangzuo Jiaocheng

著者：王筑陵

责任编辑：哈申
版式设计：赵燕
封面设计：Ivy

出版发行：东华大学出版社（上海市延安路 1882 号 邮政编码：200051）
营销中心：021-62193056 62373056 62379558
出版社网址：dhupress.dhu.edu.cn
天猫旗舰店：http://dhdx.tmall.com

印刷：上海万卷印刷有限公司
开本：787 mm × 1092mm 1/16
印张：11.25
字数：280 千字
版次：2025 年 2 月第 1 版
印次：2025 年 2 月第 1 次印刷

书号：978-7-5669-2484-1
定价：98.00 元

目 录 Contents

第1章
1 Midjourney 简介
- 2 什么是Midjourney？
- 3 Midjourney 平台的使用方法
- 8 Midjourney 的进化与基础生成步骤
- 12 Midjourney 的参数设置、工具与技巧
- 28 Niji · journey 简介

第2章
33 历史的回声
- 34 哥特时期
- 41 巴洛克时期
- 47 洛可可时期
- 53 维多利亚时代
- 59 爵士时代和装饰风艺术时期
- 64 1950 年代的欧美时尚

第3章
71 名家来加持
- 72 文森特·梵高
- 74 萨尔瓦多·达利
- 76 巴勃罗·毕加索
- 78 古斯塔夫·克里姆特
- 79 克劳德·莫奈
- 81 阿尔方斯·穆夏
- 82 葛饰北斋

第4章
85 加入喜欢的元素
- 86 植物与花朵
- 89 昆虫的灵感
- 93 水中生物
- 97 可爱的鸟类
- 100 图书馆与乐器
- 102 想吃甜点吗？
- 105 幻想生物
- 108 各种原材料
- 113 宇宙与天体

第5章
117 洛丽塔时尚
- 119 二次元的洛丽塔时尚
- 126 三次元的洛丽塔时尚
- 133 图案设计
- 137 刺绣图案
- 140 四方连续图案

第6章
143 古风与新中式
- 145 新中式概念服饰
- 155 新中式细节与配饰

第 7 章
159 时装设计图
- 160 现代简约休闲风
- 162 街头潮流风
- 163 未来科技风
- 164 浪漫波希米亚风
- 165 日常清新风
- 167 复古时装风
- 170 奢华晚礼服

172 词汇表
174 后记

第 1 章

Midjourney 简介

什么是 Midjourney？

Midjourney 是一款基于人工智能的图像生成工具，它可以根据用户输入的文本描述生成逼真的图像（图1.1）。对于服装设计师而言，我们可以将 Midjourney 当作一个强大的工具，用以促进创意过程并扩展设计能力，探索不同的设计理念，以及提供大量视觉上的可能性，创造出引人入胜且具有艺术性的时尚设计。

图1.1 Midjourney 界面

Midjourney 在服装设计中的应用

传统的服装设计通常需要经历从手绘草图到成品样衣的漫长过程，而运用 Midjourney，设计师可以跳过初步草图阶段，直接生成具有视觉冲击力的设计方案。这大大加快了设计流程，提高了设计效率。Midjourney 能够快速生成大量设计方案，设计师可以在短时间内探索多种风格与元素的组合。这种快速迭代的能力使得创意的探索空间大大增加，能够激发出更多的设计灵感。

概念生成

设计师可以使用 Midjourney 生成与特定主题、情绪或趋势相关的图像。通过提供简短的提示，设计师可以获得视觉灵感，并探索不同的造型、图案和配色方案。这可以帮助设计师在开始绘制草图之前扩展他们的想法并激发他们的创造力。

服装草图

Midjourney 可用于创建服装草图，捕捉服装的设计、轮廓和细节。设计师可以通过提供详细的提示来指导 AI，包括服装类型、面料、领口造型或袖子样式。Midjourney 可以生成各种草图，展示不同的变化，帮助设计师快速更新设计想法。

图案设计

Midjourney 可以帮助设计师创建独特的图案和印花设计。通过提供提示，例如灵感来自自然、几何形状或特定文化主题，设计师可以生成各种图案。这些图案可以应用于各种服饰品，从连衣裙到上衣，再到各种配饰，从而为系列化的服装设计增添视觉吸引力。

配色方案

Midjourney 可以协助设计师选择和测试配色方案。通过提供特定颜色的提示或要求生成和谐或对比的调色板，AI 可以提出引人入胜的颜色组合。这可以帮助设计师在他们的设计中做出有影响力的选择，并确保他们的服装吸引目标受众。

趋势预测

通过分析时尚行业的趋势数据，Midjourney 可以帮助设计师预测未来的流行趋势。设计师可以通过提供特定季节或年份的提示来生成视觉表示，以了解即将到来的颜色、面料或剪裁趋势。这种洞察力可以让设计师领先一步，在他们的设计中纳入新兴时尚潮流。

个人风格

Midjourney 还可以帮助设计师开发自己的独特美学理念和个人风格。通过反复使用该工具并提供特定的提示，设计师可以确定他们的视觉偏好。Midjourney 可以帮助他们定义自己的签名风格，使其设计脱颖而出，并在竞争激烈的时尚界获得认可。

配饰设计

除了服装，Midjourney 还可用于设计配饰，例如鞋子、包、腰带和首饰。设计师可以探索不同的形状、纹理和细节，创建与服装系列相辅相成的独特配饰。

Midjourney 平台的使用方法

本文中的介绍与教学页面均是在 Midjourney 的 Discord 界面上进行的。当前 Midjourney 也开发了网页版本，读者们可以根据自己的喜好选择在 Discord 界面（https://discord.com）或者 Midjourney 网站（https://www.midjourney.com）来进行生图创作。

步骤 #1：注册 Discord

Midjourney 搭建在 Discord 平台上，利用 Discord 的社区功能和实时通信功能，为用户提供一个社区，让他们可以交流和分享他们的作品。Discord 提供了一个安全、可靠和实时的通信渠道，使得 Midjourney 用户可以在任何地方、任何时候访问 Midjourney 的服务。

如果你没有 Discord 账号，你需要免费注册一个账号（图 1.2），然后便可以从任何 Discord 可用的地方（例如：网页、移动设备、桌面应用程序）访问 Midjourney Bot（交互机器人）（图 1.3~ 图 1.6）。

打开，点击"Open Discord in your browser"（在浏览器或桌面应用程序中打开 Discord）。

注册一个自己的 Discord 账号。

通过邮箱认证注册成功之后进行登录。

图 1.2 注册 Discord 账号

步骤 #2：加入 Midjourney 服务器

注册好 Discord 之后会弹出如下信息，点击底部"Join a server"。

在 INVITE LINK 处填入 https://discord.gg/midjourney，点击"Join"。

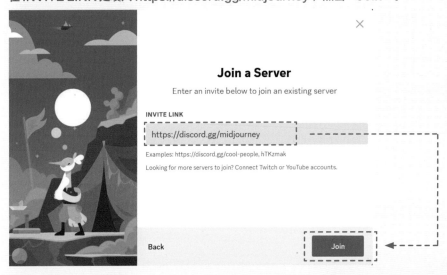

之后就会直接来到 Midjourney 在 Discord 里的界面，并且已经可以跟 Midjourney Bot 直接交互了：

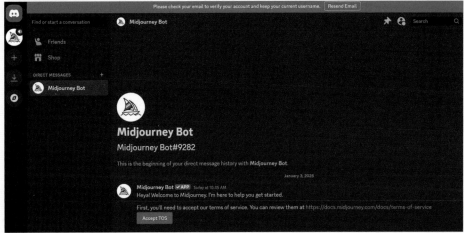

图 1.3 加入 Midjourney 服务器

步骤 #3：选择合适的 Midjourney 计划

在对话框中直接输入 /subscribe（图 1.4）。

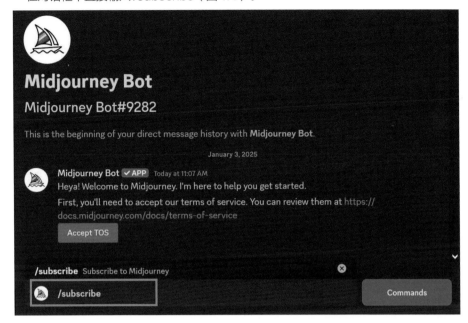

图 1.4 选择合适的 Midjourney 计划

按回车键之后，点击 "Manage Account"（图 1.5），便会进入 Midjourney 的会员订阅界面。

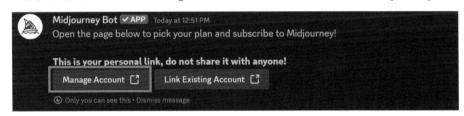

图 1.5 进入 Midjourney 订阅计划

Midjourney 提供四种订阅级别。每一种都能让你进入 Midjourney 成员画廊、官方 Discord 服务器，以及享受一般商业使用条款等更多权益。如果要了解更多关于价格和每个等级功能的详细信息，可以点击"订阅计划"（Subscription Plans）页面。在这个页面可以看到不同的定价选项以及各套餐包含的具体功能（图 1.6）。

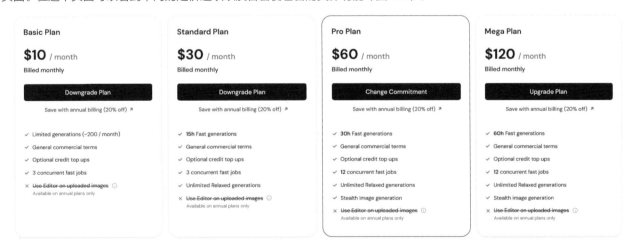

图 1.6 Midjourney 费用套餐列表

这里要注意的是，作为付费用户，你可以直接向 Midjourney Bot 发送 Prompt（提示词）。然而，这些提示词在会员自己的画廊中仍是公开的。为了确保隐私保护，防止自己的作品和提示词在公共画廊中被公开，你必须升级至 Pro 或 Mega 计划以启动 stealth（隐身）模式。

步骤 #4：开始生成作品吧

在接下来的作品生成图中，笔者会列出最终使用的英文 Prompt 及其中文释义（交替使用 Midjourney v6 和 v6.1 版本，并在 Prompt 中注明），供读者参考以激发灵感。这个工具的训练数据和优化更倾向于英文输入，因此使用英文 Prompt 能更精确地传达意图，进而获得更理想的效果，生成更符合预期的图像。如果完全采用中文，Midjourney 生成的图像可能会与英文 Prompt 的原意大相径庭。

也许有的朋友会问，为什么用同样的提示词，我却不能完全复刻作者生成的图像呢？ Midjourney 的图像生成过程是一个复杂的系统，受多种因素的影响。即使使用相同的提示词，也无法保证每次都得到完全相同的结果。这种随机性和变化性恰恰是 Midjourney 的魅力所在——它带来了无限的创意可能性。在用户经年累月的探索和创作过程中，Midjourney 也会通过分析

用户常用的提示词来更好地理解用户的喜好和风格,从而在后续的创作中提供更相关的建议和结果。用户对生成的图像的评价(例如:点赞、收藏、重新生成等)也同样作为反馈信号来帮助 Midjourney 优化算法,提高生成图像的质量和相关性。目前的 Midjourney 已经可以使用 "--seed" 参数来固定种子值,以获得更加一致的图像输出,但不同用户即使使用相同的 seed 值,也会产生不一样的生成效果。而新推出的个性化(Personalization)功能也会让系统更加熟悉和偏向用户的特定喜好。

还有需要注意,Midjourney 在图像的生成上会有自己的侧重点,譬如画面中如果有两个主体,那么每个主体的精细度通常会低于只有一个主体的画面。这是因为 AI 生成图像时,画布的资源和注意力需要在多个主体之间分配,因此每个主体可能会得到较少的细节和分辨率(图 1.7)。所以,尽管我们已经尽量精确地描述 Prompt 并期待 AI 能完全呈现出效果,但是在图片生成的过程中,系统也还是会选择性忽略一些,或者自我发挥一些作者并没有想到的细节,这也是人工智能的"可爱"之处。

另外,除标注了来源的图片之外,本书中展示的其他图片均由人工智能程序 Midjourney 根据输入的提示词生成。这些图片并非历史上真实存在的设计,而是结合了历史元素与现代高科技的创意产物。

图 1.7 服装企划氛围版

Midjourney 的进化与基础生成步骤

Midjourney 的进化（相同提示词在不同版本中的表现形式）

Midjourney 的早期

早期版本引入了基本的图像生成功能，使用扩散模型技术根据用户提供的提示词创建图像。这些早期版本能够生成简单的图像，并展示了 AI 驱动的艺术创作潜力。

Midjourney v3 和 v4

取得了重大改进，提高了图像质量并增强了生成的多样性。这些版本改进了模型架构，使生成的图像更清晰、细节更丰富。v4 版本增加了对多个提示词的支持，允许用户提供多个描述性短语，从而对图像效果有更多的控制。

Midjourney v5 系列

这是一个重要的里程碑，带来了图像生成过程的重大改进。它包括 v5、v5.1、v5.2 几个子版本，引入了更清晰的细节和更逼真的渲染效果。它还增强了模型的稳定性，减少了生成图像中的潜在瑕疵，而且改进了面部细节，使生成的人物形象更准确也更具吸引力。

Midjourney v6

带来了图像生成过程的重大飞跃。它引入了"增强扩散"技术，显著提高了图像质量，使其接近或媲美照片级的真实感。v6 版本可以生成具有细节极其清晰的图像，包括复杂结构、光影效果和纹理，以及更加准确的英文文字生成。

Midjourney v6.1

这是当前撰写本书时最新的版本，专注于优化性能和用户体验。它提高了生成速度，减少了等待时间。v6.1 还改进了模型对某些提示和主题的响应，使生成的结果更符合用户的期望。

笔者于 2022 年秋天第一次接触 Midjourney v3 版本并开始了 AI 设计生涯，下面为大家展示一下同一组提示词在不同版本下的表现形式：

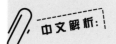英文 Prompt：

rococo dress made out of white and cream color wet paint, made by pear blossoms, layer upon layer skirt, hyper realistic, photograph, filagree decoration

中文解析：

洛可可风格的连衣裙，由白色和奶油色的湿漆制成，由梨花制成，层层叠叠的裙子，超现实主义，照片，丝线装饰

Midjourney v3

v3 时期只能按 1:1 的尺寸出图，后续的版本展示都用了 2:3 的比例（见图 1.8，有一种 AI 在努力跟人类世界靠拢的努力，日常画面崩塌，要选出满意的作品不太容易）

Midjourney v4

形状把控好于 v3，但比较生硬（图 1.9）

图 1.8 Midjourney v3 版本生成的服装

图 1.9 Midjourney v4 版本生成的服装

Midjourney v5

造型更接近真实，但颗粒感很重，整个画面看起来比较模糊（图 1.10）

Midjourney v6

画质和生成细节都得到了长足进步（图 1.11）

Midjourney v6.1（当前最新版本）

清晰度增强，颗粒感消失，但会有一定的液化感（图 1.12）

图 1.10 Midjourney v5 版本生成的服装

图 1.11 Midjourney v6 版本生成的服装

图 1.12 Midjourney v6.1 版本生成的服装

Midjourney 飞速发展肉眼可见，但时至如今，第一次接触 v3 版本时，那种"张牙舞爪"的美感所带来的震撼依然难以挥去。

Midjourney 的基础生成步骤

我们脑海里构思的提示词是一个短文本短语，Midjourney Bot 会解析这个提示词来生成图像。Midjourney Bot 会将提示词中的单词和短语分解成更小的部分，称为标记（tokens），然后将其与它的训练数据进行比较，再利用这些信息生成图像。

在对话框中输入 `/imagine` （图 1.13）。

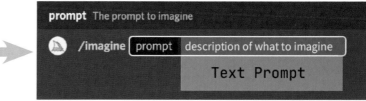

图 1.13 在 Midjourney 对话框中输入提示词

中文思路

设计一条秋天的格子裙：秋天，落叶的红色，金黄色或者棕色，可以多色交织，也可以只选纯色，格子，材质可以是薄羊毛呢子，再加上米色毛衣开衫，灵感来源于秋天的明媚阳光和清澈空气，眼前似乎浮现出秋日森林的美好景色

用英文表达出来

Design a plaid autumn skirt inspired by the vibrant colors of fall leaves deep red and warm brown, woolen, with a beige knitted cardigan, full body photography, front view, the design is inspired by the bright autumn sunlight and crisp air, --ar 2:3 --v 6.1

得到如下四张图供用户选择

底下的 U1、U2、U3、U4 就代表这四张图，对应位置如下图所示，选择点击之后就会得到对应的大图。

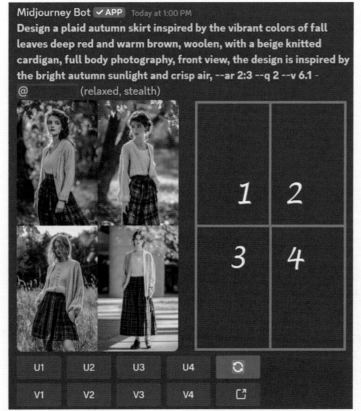

图 1.14 Midjourney 的基础生成步骤

比如，点击 U2 后得到下面这张图片

直接点击 V1、V2、V3、V4 就能得到对应原图的变体（也可以在生成大图之后再使用 Vary 来达成，有轻微 Subtle 和强劲 Strong 的选择），变体程度由在 Setting 中选择了 Low Variation Mode 还是 High Variation Mode 来决定，这部分内容之后会详细讲到。

在原始四图下方直接点击 V2，可得到以下画面（图 1.15）：

图 1.15　生成图片的变体

Midjourney 的参数设置、工具与技巧

在此之前，我们已经学会了基本的 Midjourney 生图指令，接下来我们来学习参数设置（图 1.16）。

图 1.16 参数设置

Prompt
即提示词，用于描述主体，也是最基本的命令，输入的 Prompt 就是你想要生成的图像的文本描述。提示词可以包含各种信息，例如主题、风格、元素、颜色等。可以不需要任何参数的设定而独立出图。

Parameters
即参数设置，可以让用户更精细地控制图像生成过程，从而创作出更符合自己需求的作品。

输入 /settings 后回车打开参数界面：

这是最新的 Midjourney v6.1 版本的控制面板。点击 v6.1 处的小三角下拉可以切换不一样的版本（图 1.17）。

图 1.17 Midjourney v6.1 参数控制面板

模型版本参数

◆ --version <1，2，3，4，5.0，5.1，5.2，6 或 6.1>：或简写为 --v（目前最高版本为 6.1）来使用不同版本的 Midjourney 算法。

◆ --niji <4，5 或 6>：目前最新版本为 Niji 6，使用专注于动漫风格图像的替代模型。可在 Midjourney 界面 Prompt 参数中设定 Niji 的版本，也可到 Niji 界面直接生成图像。

基本参数

◆ --ar <纵横比>：设置生成图像的纵横比，例如 --ar 16∶9 生成宽屏图像，--ar 9∶16 生成竖屏图像。也可以按需生成 --ar 3∶4、--ar 2∶3 等常用比例。

◆ --chaos <数值>：或简写为 --c，控制图像生成的随机性。默认值为 0，数值越大（范围 0-100），生成的图像越有可能与预期不同，产生更多的创意变化。例如：--chaos 50。

◆ --cref：角色参考，要在提示词中添加角色参考，请使用 --cref 参数，并提供图像在线存储的网页地址（URL）：--cref URL（图 1.18）。角色参考在使用由 Midjourney 生成的包含单个角色的图像时效果最佳。--cref 参数不适用于真实人物的照片，使用时可能会导致图像失真。

图 1.18 在线存储网址

◆ --fast：开启快速模式（--relax 关闭快速模式回到休闲模式）。

◆ --iw <0—3>：设置图像提示词相对于文本提示词的权重。默认值为 1。

◆ --no [元素]：排除提示词中指定的元素，例如 --no trees 排除图中树的元素，或者如果只想生成裙子的设计而不要模特，可以使用 --no people，但是生效的概率一般。

- --quality<.25, .5, 1, 或 2>：或简写为 --q，可以控制生成图像的质量。控制图像质量和生成时间，数值越高，质量越高，时间越长。较高的数值会消耗更多的 GPU 分钟数；较低的数值则消耗较少。
- --style random：会在你的提示词中添加一个随机的 32 基础样式的 Style Tuner 代码。你也可以使用 --style random-16、--style random-64 或 --style random-128 来使用不同长度的 Style Tuner 随机结果。
- --repeat<1–40>：或 --r<1–40> 可以从一个提示词生成多个任务。--repeat 对于快速多次运行同一个任务非常有用。
- --seed< 数值 >：用于生成具有相同随机种子的图像，以确保生成结果的可重复性（图 1.19）。

想要获得某个已生成作品的种子，可以在作品处按右键然后选择小信封图标，点击，系统便会立即发送这个作品的 seed 值：

将这个 seed 值运用到下一个你想要生成的作品中，只需在 prompt 后面加上 --seed 678559922 即可。

图1.19 获得 seed 数值的方法

- --stop <10-100>：在指定的百分比停止图像生成，生成抽象效果。数值越大，生成的图像完成度越高。
- --style raw：使用 --style raw 生成的图像会减少自动美化处理，这样在要求特定风格时可以得到更精准的匹配。简而言之，使用 raw 模型可以得到更"真实"的图片，也可以提高图片中生成文字的准确性。
- --sref：风格参考。跟前面介绍过的角色参考（--cref）类似，要在提示词中添加风格参考，请使用 --sref 参数，并提供图像在线存储的网页地址（URL）：--sref URL（图 1.20）。而且还能使用风格权重参数 --sw 来设置风格化的强度。--sw 接受 0 到 1000 之间的值，默认值为 --sw 100。数值越高，生成的图像与风格参考的图像越接近。

图1.20 提供图像在线存储的网址

- --stylize < 数值 >：可简写为 --s，控制 Midjourney 的艺术风格强度，较低的风格化数值会生成与提示词更接近但艺术性较低的图像，而较高的风格化数值则会生成非常艺术化但与提示词关联较弱的图像。数值越大，风格越强烈，默认为 100，范围为 0—1000（图 1.21）。

图1.21 艺术风格强度选项

在 Setting 里，Stylize low 等同于 --S 50，Stylize med 等同于 --S 100，Stylize high 等同于 --S 250，Stylize very high 等同于 --S 750。可以根据个人喜好来选择强度。

◆ --tile：生成可平铺的无缝衔接图像，适合用作纹理或图案。

◆ --video：会保存生成初始图像网格过程的进度视频。在图像网格生成完成后，用✉图标对其进行反应，可以将视频发送到你的私信中。--video 在对图像进行放大时不起作用。

◆ --weird <数值>： 或简写为 --w，范围为 0—3000，此参数为生成的图像引入古怪和另类的特质，从而产生独特且出人意料的画面。可通过调节参数来探索不同寻常的美学效果。

工具与技巧

文本生成

从 Midjourney v6 开始，你可以在提示词中的单词或短语周围使用双引号(" ")来指定你希望出现在图像中的文本（图1.22）。

A pastel watercolor flowers with "Milu deer" written in the middle in huge letters --q 2 --v 6.1 --style raw

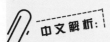

一幅水彩淡彩风格的花卉作品，中间写着巨大的"Milu deer"字母

图1.22 文本图像的生成

Variation 变化模式

在使用 Midjourney v 5 到目前最高版本 6.1，或 Niji v 5、v6 时，可以选择高变化模式和低变化模式。

我们已经知道，使用初始图每个图像网格下的 V1、V2、V3、V4 按钮，或可以在放大图像下使用高变化模式 Vary (Strong) 和低变化模式 Vary (Subtle) 按钮来生成该图像的不同版本。在如下 Setting 中选择 Strong Variation Mode 或者 Subtle Variation Mode 即可控制默认的变化量。初始设置中 Strong 是默认值（图1.23）。

 图1.23 变化按钮选项

默认的高变化模式会生成在构图、元素数量、颜色和细节类型上与原始图像有所不同的新图像。而低变化模式会生成保留原始图像构图和颜色，但对图像细节进行微小变化的新图像（图1.24）。

第 1 章　Midjourney 简介

举 例

英文 Prompt:

A simple designed peach dress mini length on a mannequin --ar 3:4 --v 6.0

中文解析:

一件设计简单的桃色迷你连衣裙，穿在人台上

点击 Vary (Subtle) 得出以下细微变化的画面：

点击 Vary (Strong) 得出大幅变化的画面：

图 1.24　通过变化按钮得到的不同效果对比

局部重绘

在单图下方点击 Vary（region）进行局部重绘：使用矩形工具或者套索工具将需要修改的区域选中，并输入修改的提示词，点击确认键后，等待修改后的图片。如果想直接删除区域内容，可以直接输入"delete"或尝试"--no"参数（图1.25）。

举例

英文 Prompt：
A lovely girl wearing a very simple crown on top of the head --v 6.1

中文解析：
一个可爱的女孩，头戴一个非常简单的皇冠

先通过以上提示词，生成一张图片，在生成的图像下点击 Vary（Region）。

选择需要修改的部分，输入想要的变化结果：wearing a lovely red ribbon（戴着一个可爱的蝴蝶结）。

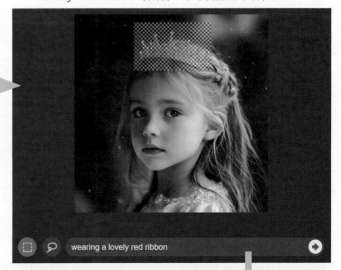

点击 Submit 之后得到以下修改结果：

通常笔者对于手部或者衣物、装饰部分的修改会用到这项功能。尽管我们期望每次都能获得理想的结果，但是实际生成的效果可能会不尽如人意，有时候通过不断的尝试和调整，可以获得比较满意的效果，然而也存在这样的情况：即使经过数十次甚至上百次的尝试，我们也可能无法达到预期的效果。

图 1.25 局部重绘示范

图像放大

在 Midjourney 和 Niji 模型版本生成的图像的下方可以使用 Upscale (Creative) 或 Upscale (Subtle) 工具来放大图像尺寸。

Upscale (Subtle) 选项会将图像尺寸放大一倍，同时保持与原图非常相似的细节。Upscale (Creative) 同样会将图像尺寸放大一倍，但会为图像添加新的细节。可以尝试每个放大选项，以找到最适合图像风格的效果（图1.26）。

举例

选择 Upscale(Subtle) 之后的图像：

大小增至两倍，与原图的大小、精细度对比：原图放大至一定程度之后会模糊。

点击 Upscale(Subtle) 之后放大依然清晰度非常高。

图1.26 图像放大示范

选择 Upscale(Creative) 之后的图像：

图1.27 图像放大后的效果和分辨率

除了大小增至两倍之外，还有细节上显而易见的细微变化，读者们可以根据自己的喜好和需求来选择不同的图片放大效果（图1.27）。

图像扩展

Zoom Out 选项允许你将放大后的图像画布扩展到原始边界之外，而不改变原始图像的内容。新扩展的画布将根据提示词和原始图像的引导进行填充。

图像扩展在设计图生成的时候非常有用。如以下案例所示，有时生成的结果可能只有半身裙子，那么我们就可以利用这个放大功能来得到一条完整的裙子。偶尔会扩展出一些令人出乎意料的元素，所以要想得到满意的结果，秘诀就是多尝试几次。

图 1.28 中两个按钮分别代表扩展 2 倍和 1.5 倍。

图 1.28 扩展按钮

譬如，原图如右侧图 1.29 所示，分别点击按钮来扩展 1.5 倍或者 2 倍，得到图 1.30、图 1.31 所示的效果。

图 1.29 示范原图

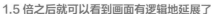

1.5 倍之后就可以看到画面有逻辑地延展了

图 1.30 扩展 1.5 倍的结果

扩展 2 倍的结果，可以看到除了左下尚可之外，剩下三幅的腿部在逻辑上都是错误的，可以选择自己需要的图片，也可以继续重新延展 2 倍直到得出满意的图样（图1.31）。

图 1.31 扩展 2 倍的结果

Make Square ⬌ Make Square 可以将不是 1:1 的图像扩展成 1:1 的正方形比例（图 1.32）。

"四边扩展" ⬌⬌⬌⬌ 这几个按钮，可以朝四个方向分别扩展图像，大家可以试试。

图 1.32 扩展为正方形比例的结果

自定义缩放 🔍 Custom Zoom 就更厉害了：它允许用户在生成图像之前修改提示，从而更精细地控制最终的图像效果（图1.33）。举个例子，将提示词更改为"墙上的画框"会生成这样一幅图。

图1.33 官网案例

点击 🔍 Custom Zoom 之后再输入新的 Zoom Out prompt:A framed picture on the wall --zoom 2（在墙上的画框）。

成功将图片缩放并按需放入了画框（图1.34）。但实测起来，这个功能还是需要经过很多次尝试才能成功。

图1.34 将画放进画框的效果

图生提示词

使用 /describe 这个命令，可以通过输入图像的 URL（选择 link）或选择存储在设备上的图像（选择 image）来提供一个图像，得到四组不同的提示词描述（图1.35）。

图1.35 图生提示词界面

官网范例：
将一只猫咪的画像用 /describe 描述出如下提示词建议：

这个功能对于在使用 Midjourney 学习和生成图片的练习者而言，是非常好的灵感来源，但*请注意尊重从任何渠道得到的材料与作者的劳动成果，也不要使用任何受版权保护的图片及资料*（图1.36）。

1 drawing of a persian cat face in purple ballpoint pen on a white background, with purple fur, in the style of unknown artist.

2 A purple pencil drawing of a Persian cat, white background, in the style of John Beastman.

3 A purple pencil drawing of an adorable persian cat, with simple lines on a white background, featuring fine details and a beautiful composition in the style of a hyperrealistic work, with sharp edges and sharp focus.

4 A purple pencil drawing of an exotic shorthair cat, simple line art with a white background, fine lines and pastel colors create a soft and delicate atmosphere in this closeup portrait. The sketching style depicts the cat as cute and dreamy, with intricate details shown through detailed lines in a front view. The ink wash technique uses dark black tones with low saturation to create the style of the artist.

图1.36 图生提示词官网案例

垫图

你可以使用图像作为提示的一部分，来影响作品的构图、风格和颜色。图像提示可以单独使用，也可以与文本提示一起使用——尝试将图像与不同的风格组合起来，以获得最激动人心的结果。

要将图像添加到提示词中（如图 1.37 中的绿色部分，可以添加不止一张图片，用空格分开即可），键入或粘贴图像存储在网上的网址。网址必须以 .png、.gif 或 .jpg 等扩展名结尾。添加图像地址后，可以添加任何其他文本和参数以完成命令。

请注意尊重从任何渠道得到的材料与作者的劳动成果，也不要使用任何受版权保护的图片及资料。

图 1.37 将图像添加到提示词中

提示词权重

使用 :: 来分开一句 Prompt 的主体，再使用数值来调整提示词中不同部分的权重，从而影响生成图像的焦点。数值越大，表示该部分提示词的权重越大（图 1.38~ 图 1.40）。

官网范例：
space ship 宇宙飞船

图 1.38 提示词权重官网案例

图 1.39
space:: ship 宇宙，船
（被视为两个独立的主体）

图 1.40
space::2 ship 宇宙（权重为 2，比船大），船

Personalization 个性化

Midjourney 推出了一个新的功能 Personalization：

当你在社区中对图像进行喜好选择并点赞时，Midjourney 会记录下你喜欢的图像类型，并可以根据这些偏好为你生成图像。在 Setting 里直接点击 Personalization 或者在 Prompt 的末尾加上 --p 或 --personalize 都可以激活这个功能（图1.41、图1.42）。

图 1.41 个性化功能的操作界面

注意：只有你在社区（https://www.midjourney.com/rank）对足够多的图像进行评分和/或在网站上点赞了足够多的图像后（200次以上），你才能使用 --p。如果你在没有足够数据的情况下尝试使用 --p，你将看到一条错误消息，提示你需要进行更多的评分。大家可以去积极评分及点赞，让 Midjourney 帮你创造出拥有个人品位的专属作品。

举 例

同样的一套提示词：一个女孩穿着一件简单的黄色格子图案连衣裙，上面有白色的彼得潘领，专为儿童设计。背景是米色的，整体风格应该是俏皮而可爱的，采用卡通的手绘铅笔素描矢量艺术风格。

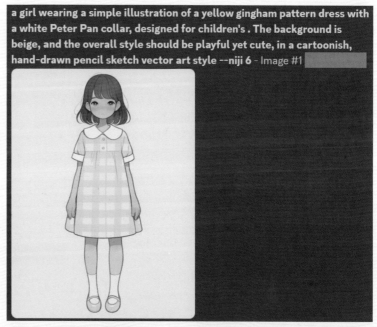

橙色部分的 p 值将在图像生成之后自动出现（在这里隐匿了后三位），得到这个值之后即可在接下来的生成中直接放入 prompt 里，以产生偏好相同的结果。

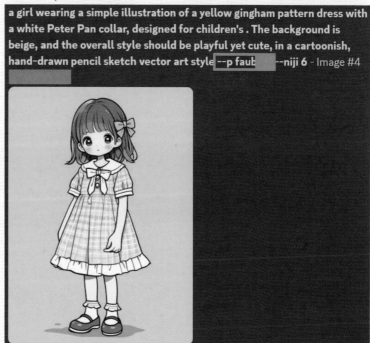

图 1.42 个性化功能的操作举例

点击 Midjourney 网页的 Edit。

有两种导入图片的方式：

External Editor 外部编辑器

Midjourney 重磅增加了外部编辑器系统（图1.43），除了在 Midjourney 中生成的图片，甚至可以将自己的本地图片放入进行编辑。但是使用这项强大功能在目前有一定的使用门槛，用户必须满足如下三个条件之一才可以激活此功能：

1. 年度付费用户；

2. 已连续订阅至少12个月且没有中断（月付费）；

3. 已生成超过10,000个 Midjourney 任务。

导入之后的 Editor（编辑）界面：

擦除需要修改的部分，写入新的 Prompt：

中文意为：美丽的，有红色花朵刺绣的蓝色衬衫。

最右边会出现修改之后的四个略缩图。

点击得到大图，可以上传至自己的画廊或者直接下载。

图1.43 外部编辑器功能的操作举例

另一个功能是纹理变化，点击 Retexture，写入想要的画面质地 "the blouse is made of shinny crystal"（水晶做的衬衫）并点击提交，得到图 1.44：

图 1.44　纹理变化命令的操作举例

再换一个"水彩画"风格，输入"watercolor drawing"（图 1.45）：

图 1.45　纹理变化命令的操作举例

与 Midjourney 的图像生成一样，想要完全满意的成果一定要多次尝试。

外部编辑器是 Midjourney 推出的一个革命性新工具，它为用户提供了创作过程中的更高自由度。这一功能帮助用户进一步释放创造力，将 Ai 的强大能力与用户的个性化创意深度结合，为艺术创作开辟了新的可能性。这个工具仍在持续更新和优化，相信未来将会更加完善和高效。

Niji·journey 简介

Niji·journey（Niji 模型的专属 Discord 服务器，在之后的章节里会一直简称它为 Niji）在 2023 年上线，它是基于 Midjourney 平台开发的，专门用于生成动漫风格的图像（图 1.46）。它就像 Midjourney 的一个分支，拥有更丰富的动漫知识、动漫风格和动漫美学知识，使得它能够创作出更符合动漫二次元爱好者审美需求的作品（图 1.47）。

网址：https://nijijourney.com/

图 1.46 Niji 操作界面

Niji 这个专注于生成动漫风格图像的 AI 模型是由 Midjourney 和 Spellbrush 合作开发的，除了也是在 Discord 服务器上进行之外，Niji 使用的是用户的 Midjourney 账户，因此需要拥有 Midjourney 的订阅才可以使用。

将 Niji·journey Bot 以同样的方法加入服务器，就可以非常方便地在同一页面任意使用了。

相对 Midjourney 更方便的是，Niji 有中文的讨论区，如果有什么疑问可以在这里发出，会有中文客服和其他热心用户来帮忙解答。

此外，Niji 对于纯中文的 Prompt 识别能力相对 Midjourney 会高一些，对于喜欢二次元的新手用户会非常友好。

目前，Niji·journey 的最高版本是 Version 6，下面是默认的最新设置模式（因为笔者购买了私密模式，所以会多出一个 Public mode，即可以选择自己的作品是否在公共频道公开）。

选择 Niji version 5，就可以看到 v5 模式下其他几个非常有意思的选项（目前还无法运用到 Niji version 6 下）。

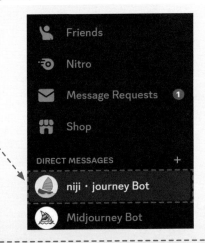

图 1.47 用 Niji 生成图片的风格设置

选择这几种不一样的风格，分别会生成不同的侧重点效果。下面展示的是同一组提示词在不同模式下的生成结果（图1.48~图1.52）。

英文 Prompt：

An anime-style cartoon girl, an elf with blue hair and a silver dress, standing on a beach. Detailed fantasy art with a full-body portrait, blue eyes, and a detailed face, in the style of anime

中文解析：

一个动漫风格的卡通女孩，一个蓝头发和银色裙子的精灵，站在海滩上。细节丰富的幻想艺术，全身肖像，蓝眼睛，详细的脸，动漫风格。

Original Style - 原始风格

这是 Niji 最初的，也是最为经典的风格，是一种综合性的绘画风格，适用于各种类型的图像生成。Original Style 强调细腻的细节处理和自然的色彩表现，适合用来生成广泛的图像类型，包括角色设计、场景绘制和插画等。

Default Style - 默认风格

是 Niji 的标准风格，适合大多数的使用场景。它平衡了细节、色彩和整体构图，能够适应多种题材的图像生成需求。这个风格的特点是稳定性高，生成的图像效果普遍令人满意，适用于各种项目的初期探索和通用应用。也是目前笔者在 niji 模式下用得最多的模式。

图 1.48 原始风格

图 1.49 默认风格

Expressive Style – 表现风格

强调情感表达和动态效果,适合用于需要突出角色情感、动作或氛围的图像生成。这个风格通常采用夸张的线条和色彩对比,能够很好地传达情绪,适用于场景中的情感渲染或具有强烈视觉冲击力的作品,总体风格更偏欧美一些。

Cute Style – 可爱风格

是专门为生成可爱、卡通化形象而设计的风格。它通常会使用柔和的色调、圆润的线条和简化的细节来营造出一种温馨、无害的视觉效果。这个风格非常适合用于创作萌系角色、儿童题材的图像或任何需要展现可爱元素的设计。

图 1.50 表现风格

图 1.51 可爱风格

Scenic Style – 风景风格

专注于自然和人造景观的绘制。这个风格强调环境细节、光影效果和大气感,适合生成壮丽的自然景观、都市风光或幻想场景。它能够捕捉广阔的视野和细腻的环境细节,是场景设计和氛围渲染的理想选择。

图 1.52 风景风格

每种风格都有其独特的特点和适用场景,用户可以根据项目需求选择最合适的风格来生成理想的图像。下面是同一个提示词在不同模式下的生成结果。

与 Midjourney 一样,基本上所有的指令在 Niji 模式下都是通用的。但还是那个原则,在使用 --sref(风格参考)与 --cref(角色参考)指令的时候,**请注意尊重从任何渠道得到的材料与作者的劳动成果,也不要使用任何受版权保护的图片及资料。**

第2章
历史的回声

哥特时期

背 景 介 绍

哥特时期（12世纪至15世纪）的服装风格最初并不是一种特定的时尚潮流，而是与历史上的哥特文化紧密相连的。欧洲中世纪的12世纪至15世纪，哥特式建筑风格兴起，这种风格以其独特的尖拱、飞扶壁和复杂的装饰为特征。哥特风格在整个法国和其他欧洲国家迅速传播开来。它被运用于建造大教堂、修道院、城堡和其他世俗建筑，最著名的有意大利米兰大教堂、法国巴黎圣母院（图2.1）、德国科隆大教堂等。随着哥特文化的普及，哥特式的艺术和文学也逐渐发展，其中包括一些描绘神秘、黑暗甚至超自然主题的元素。

到了19世纪的维多利亚时期，哥特式风格作为一种复古潮流再次流行，这种复古哥特（Gothic Revival）在艺术、建筑和时尚中都有所体现。然而，真正的哥特时尚潮流开始于20世纪70年代的朋克文化，出现了更加暗黑且硬朗的"暗黑朋克"风格。80年代中期，哥特风格开始形成，服装融入更多浪漫主义元素，如蕾丝、褶边等。90年代，哥特风格成为主流文化审美之一。维多利亚哥特风（Victorian Gothic）和恋物风格（Fetish）大行其道，束腰、皮革、PVC材质等设计元素被广泛运用在服饰品中。到了21世纪初，哥特时尚开始分化，日本哥特萝莉风走红，欧美则流行狂野个性的赛博哥特（Cyber Gothic）。传统哥特风格也有复兴迹象。近年来，哥特风格逐渐被时尚界接纳并广泛借鉴，各大时装周都不乏哥特元素的身影。设计师如瑞克·欧文斯（Rick Owens）、山本耀司（Yohji Yamamoto）等更是将哥特美学发扬光大。

当下，哥特时尚已经多元发展，可归纳为传统哥特、优雅哥特、朋克哥特、工业哥特、暗黑哥特等多个亚文化分支。

图2.1 巴黎圣母院大教堂（图片来源于维基百科）

哥特风格服装特点

哥特服饰强调黑暗美学，营造出一种压抑、神秘、颓废的氛围，表达出非主流的叛逆态度，彰显个人独特的审美风格（图2.2~图2.8）。

黑色为主

哥特服装以黑色为主色调，常见的单品有黑色长裙、黑色紧身裤、黑色皮衣等。偶尔会搭配一些深红、紫色等暗色系。

独特面料

除了常见的棉、麻、丝绸等面料，哥特服饰还会选用一些特殊材质，如PVC、网纱、皮革等，制造视觉冲击。

图2.2 哥特风格的服装

图 2.3 哥特风格服装中的中世纪元素

图 2.4 哥特风格的金属项圈

图 2.5 暗黑元素

复古风格

哥特服饰常借鉴维多利亚时期或中世纪的服装元素，如紧身胸衣、蕾丝、褶边、束腰等，营造出复古阴郁的氛围。

金属配饰

银色或铜色的金属配饰是哥特风格的重要组成部分，如十字架、铆钉、锁链等，用于点缀服装。

暗黑符号

服饰上常装饰十字架、骷髅、蝙蝠等哥特元素，传达黑暗、死亡、悲伤等情绪；现代则多用于彰显强硬、叛逆、炫酷的个性。

图 2.6 哥特风格中的解构元素

图 2.7 哥特风格的妆容

图 2.8 哥特风格的整体装束

解构设计

通常包括多层次的设计，如裙摆分层、披肩、斗篷等，增添立体感和神秘感；不对称、斜裁、破洞等解构设计手法在哥特服饰中也较为常见，突显叛逆个性。

暗黑妆容

哥特风格的妆容以惨白的肤色为基调，配以深色亚光唇妆、浓重的眼妆，突出一种黑暗美学。

个性发型

夸张的发型是哥特造型的点睛之笔，如蓬松的爆炸头、双马尾、编发等，常用定型产品塑造。

哥特服装设计思路

让我们来尝试一下将脑海里的画面呈现出来:

裙身以黑色与深品红为主色调,点缀着大面积的黑色蕾丝花边,蕾丝的半透明质地营造出一种神秘而性感的氛围。提示词中蕾丝的图案采用了中世纪风格,希望精细的针脚能勾勒出精美的花卉与几何图案,缔造出一件来自古老时代的艺术品(图2.9)。

英文Prompt:

A long dress with black and deep magenta gothic style, black lace, semi-transparent, medieval core, Elegant Gothic Aristocrat, romantic gothic academia, soft, dreamlike quality --ar 3:4 --style raw --v 6.0

中文解析:

黑色和深品红色哥特式风格的长裙,黑色蕾丝,半透明,中世纪核心,优雅的哥特式贵族,浪漫的哥特式学院风格,柔软,梦幻般的品质

图2.9 哥特风格蕾丝礼服

接下来,让我们改变一下衣料质地,将裙身改为采用天鹅绒面料,光滑细腻且带有浓郁的复古气息。肩膀处略微蓬松,袖口处绣有精美的哥特式刺绣图案,裙身下摆镶嵌了波希米亚风格的钩针编织花边,勾勒出一种中世纪的质朴韵味。整体设计融合了哥特贵族的高雅时尚与波希米亚民族元素,体现出典雅与神秘的气质(图2.10)。

英文Prompt:

A short dress with black and deep purple gothic style, velvet texture, puffy sleeves, gothic embroidery, bohemian crochet, medieval core, Elegant Gothic Aristocrat, soft, dreamlike quality --ar 3:4 --style raw --v 6.0

中文解析:

黑色和深紫色哥特式风格的短裙,天鹅绒质地,蓬松的袖子,哥特式刺绣,波希米亚钩针编织,中世纪核心,优雅的哥特式贵族,柔软,梦幻般的品质

图2.10 哥特风格与波希米亚元素结合

哥特风格也可以与其他的风格相结合，譬如哥特军装：想象一件深灰色与深红色相间的军装套装款式，恰到好处地镶嵌着金色的花纹刺绣，融合了哥特的黑暗元素与学院派的文艺气质，体现出中世纪贵族的威严与神秘（图2.11）。

英文 Prompt：

A gothic military fashion suit on a mannequin, dark gray and dark red, golden decoration, medieval core, Elegant Gothic Aristocrat, soft, dreamlike quality --ar 3:4 --style raw

中文解析：

穿在人台上的哥特式军事时尚套装，深灰色和深红色，金色装饰，中世纪核心，优雅的哥特式贵族，柔软，梦幻般的品质

图 2.11 哥特风格与军装元素结合

再来尝试偏现代风的感觉，这次用皮革作为衣料，加入了哥特文化相关的 witchcore（女巫核）与 devilcore（恶魔核）等描述，创造出时尚前卫却又不失阴郁暗黑基调的服装（图2.12），将现代感与传统符号完美融合，让设计散发出无与伦比的独特魅力。

英文 Prompt：

A mannequin wearing a black and gray modern gothic fashion with big silver pentagram amulet on the chest, leather, the invoking power pose, in the style of witchcore, occultism inspired, devilcore, stylish costume design, in the style of gothic chic, wiccan, contrast day lighting --ar 3:4 --style raw --v 6.0

中文解析：

一个穿着黑色和灰色现代哥特式时尚服装的人台，胸前佩戴着一个大号银色五芒星护身符，皮革，摆出一个祈祷力量的姿势，风格类似女巫核、受到神秘主义启发，恶魔核，时尚的服装设计，哥特式时尚风格，巫术崇拜，强对比度的日照光源

图 2.12 哥特风格与现代元素结合

哥特风格配饰

美丽的女性戴着一个黑色的蕾丝面罩，就像卡罗尔·巴克（Karol Bak）笔下的人物一样饱含着神秘、忧郁却又优雅的感觉（图2.13）。哥特式的奢华感借助于亚历山大·麦昆（Alexander McQueen）的风格。画面的色调以浅褐红色和深绿色为主，这两种色彩的组合能营造出一种怪诞、超现实的氛围。

英文 Prompt：

Gothic goth with a black mask, in the style of karol bak, light maroon and green, baroque-inspired sculptures, surrealist and dreamlike visuals, Alexander McQueen inspired --ar 3:4 --style raw --v 6.0

中文解析：

黑色面具的哥特式哥特，卡罗尔·巴克风格，浅栗色和绿色，巴洛克风格的雕塑，超现实主义和梦幻般的视觉效果，受到亚历山大·麦昆风格的启发

图2.13 哥特风格蕾丝面罩

基于同样的提示词，改变一下整个设计主体的色彩，得到一张新的图片（图2.14）。

再加上诸如玫瑰、羽毛，甚至发色、妆容等描述，让画面更加丰富（图2.15）。

图2.14 哥特风格蕾丝面罩（紫色调）

图2.15 细节丰富的哥特风格蕾丝面罩

但是，在一个设计主体中，最好不要堆砌过多的装饰辞藻，否则画面可能会变得非常怪异，失去应有的美感。

随着 Midjourney 的进化，简单的描述也能生成效果非常好的设计图，比如生成一个华丽的哥特风蕾丝领子（图 2.16）。

英文 Prompt：

Gothic collar design, white lace, shiny jewelries --ar 3:4 --style raw

中文解析：

哥特式衣领设计，白色蕾丝，闪闪发光的珠宝

图 2.16　华丽的哥特风蕾丝领子

做一些颜色、材质和装饰上的调整（图 2.17）。

英文 Prompt：

Gothic collar design, dark purple lace, dark purple gems --ar 3:4 --style raw

中文解析：

哥特式衣领设计，深紫色蕾丝，深紫色宝石

图 2.17　细节丰富的哥特风格蕾丝领子

也可以生成一些具有现代感的时尚小单品项链（图 2.18）。

> 英文 Prompt：
>
> Morden gothic choker necklace design, silver cross, pointing rivet --ar 3:4 --style raw --v 6.0
>
> 中文解析：
>
> 现代哥特式项链设计，银色十字架，尖头铆钉

图 2.18　哥特风格金属项链

酷炫的骷髅戒指见图 2.19。

> 英文 Prompt：
>
> A engagement ring of vintage silver skull, white background, spikes --v 6.0
>
> 中文解析：
>
> 复古银制骷髅订婚戒指，白色背景，尖刺

图 2.19　哥特风格金属戒指

备注

◆ 卡罗尔·巴克（Karol Bak）

　　一位当代波兰艺术家，以其独特的超现实主义风格和象征主义手法闻名。他的作品常常探索人性的复杂性、生命的脆弱性以及人与自然的关系。

◆ 亚历山大·麦昆（Alexander McQueen）

　　一位著名的英国时装设计师，以其前卫、独特，甚至夸张、戏谑反讽的设计风格闻名于时尚界。

◆ 衍生的风格

　　优雅的哥特洛丽塔风格（Elegant Gothic Lolita，缩写为 EGL），设计比哥特洛丽塔（Gothic Lolita）更为优雅华丽；雅致歌特贵族（Elegant Gothic Aristocrat，缩写为 EGA）则是一个中性打扮的哥特风服装，有贵族般的高贵感觉。这两个概念都是由哥特洛丽塔时尚的始祖曼娜（Mana，Moi-meme-Moitie 的创始人）所提出的。

巴洛克时期

背景介绍

巴洛克时期（1620—1715 年）是欧洲历史上的重要阶段，政治、经济、文化等方面都发生了重大变革。服饰作为这一时期的重要组成部分，集中体现了当时社会的审美观念和价值取向。这一时期的艺术风格被称为"巴洛克"（Barocco），特征是华丽、精致而具有戏剧性。在服装方面，巴洛克时期的服装与这一时期繁复的艺术风格和文化特点一致。巴洛克艺术和建筑风格是在文艺复兴的基础上发展起来的（图 2.20）。艺术家和设计师们仍然对历史、神话和古典主题感兴趣。这种对过去的崇敬在服装方面表现为对 16 世纪服装的复古和重新诠释。

巴洛克时期的服装文化受到当时社会经济和文化的影响。这一时期，欧洲正在经历重大变化，绝对主义统治兴盛，商业贸易蓬勃发展，财富在社会各阶层中传播。上层阶级对华丽、精细的服装很感兴趣，而新兴资产阶级则希望通过服装来彰显自己的社会地位。

巴洛克时期的服装设计经常拥有繁复、华丽的细节。富有的人们穿着用贵重材料制成的服装，如丝绸、厚缎、蕾丝和珠饰。服装的裁剪也更加复杂，通常具有丰富的褶裥和装饰。对女性来说，蓬松的裙子很流行，裙撑常常配以宽大的袖子和高腰设计，并带有华丽的装饰。男性服装也变得更加精细，经常搭配华丽的帽子和精心设计的外套。

此外，巴洛克时期还时兴各种华丽的饰物。珠宝、头饰和发饰是女性常见的首饰。男性也会佩戴精细的腰带、手套和帽子。这一时期的饰物细节繁复，用料考究，常见金色或银色装饰以及精美的宝石点缀。

巴洛克时期的服装文化也与当时对纯粹和道德标准的强调有关。这一时期，对宗教的虔诚度增加，教会对服装有严格要求。例如，被视为"模范"的女装是第三性别的服装，旨在隐藏女性的曲线，并遮住脖子、手腕和脚踝等身体部位，以表示谦逊。

图 2.20　巴洛克风格室内装饰

巴洛克风格服装特点

巴洛克时期的服饰注重整体效果的华丽夺目，从廓形、色彩到细节都体现出富丽端庄的审美追求，也成为欧洲服饰史上最为奢华的时期之一，对后世服装设计产生了深远影响（图 2.21~图 2.27）。

华丽繁复的装饰

巴洛克服饰大量使用褶裥、花边、刺绣、缎带、流苏等装饰元素，追求奢华和精致的视觉效果。金银线刺绣、珍珠点缀等工艺在贵族服饰上十分常见。

图 2.21　华丽的巴洛克风格服饰细节

图 2.22 巴洛克风格的男装

图 2.23 夸张的女装廓形

图 2.24 艳丽的服饰色彩

巴洛克风格的男装

男装上衣短小，下装肥大呈喇叭形，裤腿宽松。强调宽阔的肩膀和修长的腿部线条，展现出男性的力量与阳刚之气。袖子通常蓬松而宽大，有时会使用填充物来增加体积，营造出夸张的视觉效果。

夸张的廓形

女装上身紧致，腰线收紧，下裙撑开呈圆顶状，裙摆丰盈，裙撑的使用使裙子更加蓬松和宽大，华丽且夸张。同时，夸张的线条也突出了服饰的立体感。低领口和宽大的袖子露出更多肌肤，展现女性的柔美和性感，也反映出当时社会对女性美的审美标准。

艳丽的色彩

巴洛克服饰色彩明快艳丽，如深红、宝蓝、翠绿等。同时，用对比色面料进行拼接也是常用的设计手法，如黑色与金色、红色与白色的组合，色彩搭配华丽而富有戏剧性。

图 2.25 华丽而考究的面料

图 2.26 巴洛克风格面料

图 2.27 奢华的服饰细节

考究的面料

贵族阶层的服饰多选用名贵的织物，如丝绸、厚缎、天鹅绒、蕾丝等，质地精良，手感扎实而软糯，彰显身份地位。

复杂的细节

服饰细节装饰精致入微，花边的层次、褶皱的肌理、刺绣的纹样都经过精心设计，体现了巴洛克时期的匠心独运。

奢华的配饰

宽大的拉夫领、层叠的袖口、精致的鞋履、高耸的假发，配饰的装饰性极强，传递出贵族们的奢靡之风。

巴洛克服装设计思路

想要一条带着蓬松的裙摆和衬裙,紧身低领胸衣,奢华缎面,带着金线刺绣和珍珠装饰的拖地巴洛克长裙(图2.28)。

图 2.28 巴洛克风格的长裙

英文 Prompt:

A baroque-style dress with a voluminous skirt supported by petticoats, a tight-fitting bodice with a low neckline trimmed with lace, long sleeves with lace cuffs, made of luxurious satin fabric in deep red color, adorned with gold embroidery and pearls, floor-length, detailed folds and ruffles --ar 3:4 --v 6.0

中文解析:

巴洛克风格的连衣裙,宽大的裙子由衬裙支撑,紧身胸衣,低领口饰有蕾丝,长袖带蕾丝袖口,由深红色的奢华缎面制成,饰有金色刺绣和珍珠,拖地,细节褶皱和荷叶边。

再来一条感觉会在博物馆里看见的巴洛克风格的美丽裙子，材质换成天鹅绒（图2.29）。

图 2.29 巴洛克风格的天鹅绒长裙

英文 Prompt：

A stunning baroque-style gown made of luxurious deep emerald green velvet, featuring a voluminous skirt with intricate pleats and gathers, supported by layers of taffeta petticoats for added fullness. The bodice is tightly fitted, with a sweetheart neckline trimmed in delicate gold lace and adorned with gleaming pearls and crystals. The long sleeves are slightly puffed at the shoulders and taper to a fitted cuff embellished with matching lace and jewels. The gown is cinched at the waist with a wide, gold-embroidered belt, emphasizing the feminine silhouette. The hem of the skirt is decorated with a broad border of golden baroque embroidery, featuring intricate swirls and floral motifs. The opulent fabric catches the light, highlighting the rich texture and drape of the velvet, while the glittering embellishments add a touch of regal splendor. The overall effect is a breathtaking display of luxury, elegance, and historical romance, capturing the essence of the baroque fashion era --ar 3:4 --v 6.1

中文解析：

一件令人惊叹的巴洛克风格礼服，采用奢华的深祖母绿天鹅绒制成，带有复杂褶皱和褶饰的宽松裙子，内衬多层塔夫绸衬裙，增添了丰满感。紧身的上衣配有心形领口，饰有精致的金色花边，并点缀着闪闪发光的珍珠和水晶。略微蓬松的肩部配有长长的袖子，逐渐变细，袖口处饰有相匹配的花边和珠宝。金色刺绣的宽腰带勾勒出腰身，突出了女性的曲线。裙子的下摆饰有宽阔的金色巴洛克式刺绣，上面饰有复杂的卷曲图案和花卉图案。华丽的面料反射着光线，突出了天鹅绒的丰富质感和垂坠感，而闪闪发光的装饰又增添了一丝王室的华丽气息。整体的效果是令人惊叹的奢华、优雅和历史浪漫的展示，诠释了巴洛克时尚时代的精髓

第 2 章. 历史的回声　45

生成一件巴洛克时期华丽的紧身胸衣（图 2.30）。

英文 Prompt:

　　Intricate baroque corset, rich red silk brocade fabric, ornate gold floral embroidery with pearls and gemstones, pearl button trail down the back, tight-laced showing feminine curves, delicate lace trim at hem, opulent rococo fashion, dramatic lighting, elegant textures --ar 3:4 --v 6.0

中文解析:

　　复杂的巴洛克式紧身胸衣，浓郁的红色丝绸锦缎面料，饰有珍珠和宝石的华丽金色花朵刺绣，珍珠纽扣从背后垂下，紧身系带展现女性曲线，下摆精致的蕾丝装饰，华丽的洛可可时尚，引人注目的灯光，优雅的纹理

图 2.30　巴洛克风格紧身胸衣

图 2.31　巴洛克风格珍珠项链

华丽风格的巴洛克珍珠项链（图 2.31）。

英文 Prompt:

　　A beautiful baroque style necklace with intricate sparkling gemstones and pearls adorning the neck of a regal princess, highly detailed, 8k, photorealistic, ornate jewelry, soft lighting, elegant --ar 3:4 --v 6.0

中文解析:

　　一条美丽的巴洛克风格的项链，上面装饰着错综复杂的闪耀宝石和珍珠，佩戴在一位皇家公主的颈间，高度细致，8k，逼真的照片，华丽的珠宝，柔和的灯光，优雅

巴洛克时期的帽子往往体积庞大，造型夸张，彰显权力和地位，装饰着大量的珍珠、宝石和羽毛（图2.32）。

图 2.32 巴洛克风格的头饰

英文 Prompt:

A historical beautiful Baroque style hat, pearl and shiny diamonds decoration, beautiful feathers, baroque-inspired sculptures, surrealist and dreamlike visuals, baroque extravagance, baroque chiaroscuro --ar 3:4 --style raw --v 6.0

中文解析:

历史上美丽的巴洛克风格帽子，珍珠和闪亮的钻石装饰，美丽的羽毛，巴洛克风格的雕塑，超现实主义和梦幻般的视觉效果，巴洛克奢华，巴洛克明暗对照

甚至有过各种风格鲜明的异形帽子，譬如一个大帆船（图2.33）。

图 2.33 巴洛克风格异形帽子

英文 Prompt:

A highly detailed, ornate, baroque style hat in the shape of a large sailing ship, dramatically styled, intricate patterns and textures, rich colors like gold, burgundy, and emerald, luxurious materials like velvet, lace, and feathers, elegant and sophisticated, dramatic lighting, photorealistic, 8k, award winning photograph --ar 3:4 --v 6.0

中文解析:

一顶精致、华丽的巴洛克风格的大帆船造型的帽子，风格引人注目，图案和纹理复杂，金色、勃艮第红和祖母绿等丰富的颜色，天鹅绒、蕾丝和羽毛等奢华的材料，优雅而精致，戏剧性的灯光，逼真的照片，8k，获奖照片

巴洛克风格的鞋子也极致奢华（图2.34）。

图 2.34 巴洛克风格的奢华鞋子

英文 Prompt:

A pair of luxurious Baroque-era shoes, intricate embroidery, gold accents, high heels, detailed leatherwork, opulent, dramatic lighting, highly detailed, photorealistic --ar 3:4 --v 6.1

中文解析:

一双奢华的巴洛克时代的鞋子，复杂的刺绣，金色的装饰，高跟鞋，精细的皮革制品，华丽而富有戏剧性的灯光，高度细致，照片真实感

洛可可时期

背景介绍

洛可可（Rococo）一词的词源有几种说法，但最为广泛接受的说法是来自法语单词"Rocaille"，它的字面意思是"岩石"或"贝壳"。最初，这个词用来指园林装饰中常见的贝壳状装饰，特别是常用于装饰由岩石、贝壳、水泥等混合而成的洞窟状空间。但随着时间推移，"Rocaille"逐渐被用来形容一种不规则、不对称、蜿蜒曲折的装饰风格。这种风格常见于建筑、家具、绘画等领域，成为洛可可风格的典型特征（图2.35、图2.36）。

洛可可风格起源于18世纪法国的路易十四世时期。这一时期，法国文化处于鼎盛阶段，艺术和建筑蓬勃发展。路易十四世对奢华和精美的事物情有独钟，鼓励艺术家创造出精致和优雅的风格，这为洛可可风格的兴起奠定了基础。同时，法国贵族们拥有巨大的财富和影响力，他们渴望展示自己的社会地位和品位。洛可可风格装饰性强、优雅且经常带有奢华元素，非常符合贵族们的品位。

洛可可风格在一定程度上受到巴洛克风格的影响。巴洛克艺术注重华丽的装饰、动态的曲线和戏剧性效果。洛可可艺术承接了巴洛克艺术的繁复精细的特点，但更加注重优美、流畅的线条和自然元素。一些学者甚至认为，"Rococo"可能是"Rocaille"和"Barocco"（巴洛克，意大利语中表示贝壳、岩石的词）的合成词。一些具有巴洛克风格的知名建筑也包括了一部分洛可可风格的元素，比如巴黎凡尔赛宫、巴黎歌剧院、维也纳美泉宫等。

洛可可服装风格的兴起与法国路易十五世时期（1715-1774）密不可分。在路易十五世统治初期，他的情妇蓬巴杜夫人（Madame de Pompadour，图2.37）对时尚和艺术的影响力非常大。她对华丽、精致的服装风格情有独钟，并鼓励艺术家为她创造独一无二的服装设计，洛可可风格正是在这种需求下兴起的。到了18世纪中叶，洛可可服装风格达到顶峰。

服装设计以流线型、柔和的轮廓为特色，常常使用贵重的面料，如绸缎、真丝等。18世纪的思想启蒙运动促进了知识的传播和理性思考，这时期人们对自然界和科学的兴趣不断增长，服装图案开始以自然元素为灵感来源，如花卉、鸟雀、蝴蝶等，经常搭配丰富的花边和蕾丝，精美细致，裁剪讲究，使用大量褶裥和装饰来隐藏女性的身材缺陷，塑造出圆润、柔和的轮廓。帽子也成为时尚重点，经常搭配羽毛、丝带和其他装饰品。精美华丽的珠宝也是洛可可服饰的重要组成部分。

随着法国大革命的爆发（1789年），洛可可服装风格走向末路。新兴的统治阶级不再追求华丽的贵族时尚，服装风格变得更加简洁、实用。不过，洛可可服装对后世服装设计产生了深远影响，在后来的时尚史上仍有一席之地，许多设计师都从中获得灵感，将洛可可元素融入自己的作品之中。

图 2.35　洛可可风格的室内装饰

图 2.36　贝壳状浮雕装饰

图 2.37　《蓬巴杜夫人》
这是法国画家弗朗索瓦·布歇于1756年创作的一幅布面油画，现藏于英国爱丁堡苏格兰国立美术馆（图片来源于维基百科）

洛可可风格服装特点

洛可可时期的服装设计体现了这一时期独特的审美情趣和生活方式，以追求高贵华丽为主，注重服装的装饰性和繁复的细节（图2.38~图2.43）。

图2.39 洛可可风格的服饰图案

图2.39 强调曲线的优雅

图2.40 多层次和X廓形

自然美学图案的流行

大量花卉、鸟雀、蝴蝶等元素。这些自然图案以精美的纹饰和花边方式呈现，常常使用富丽堂皇的颜色来突出其华丽的美感。这一时期的服装喜欢使用亮丽的颜色，如粉红、蓝色、绿色等，经常与金色、银色结合使用，营造出奢华高贵的气息。

曲线优雅

这一时期的女装以流畅而优美的曲线为主要造型特征。服装轮廓强调女性的身形，特别是强调胸线和腰线，塑造出优雅、婀娜的身材。裙子通常设计成对称结构，营造出平衡、和谐的视觉效果。

多层次和X廓形

洛可可时期的服装设计常常采用多层次的设计，使服装显得丰富而立体。上装常常采用紧身的设计，下摆则常常采用宽松的蓬裙或鱼尾裙，突出女性的婀娜多姿。

图2.41 奢华的面料和装饰细节

图2.42 富丽堂皇的装饰细节

图2.43 洛可可风格的手套

奢华面料

洛可可时期使用高档面料，如真丝、绸缎、天鹅绒等。这些面料有较好的光泽、质地柔软，并采用华丽的颜色和图案，如提花、刺绣等。服装也使用贵重的珠片和饰物来增强奢华感。

富丽堂皇的装饰

洛可可时期服装以华丽、富丽的装饰为特色。服装常常采用丰富的绣花、蕾丝、褶裥、花边等装饰元素，使服装显得华丽而精致。

奢侈品和配饰

洛可可时期的服装以奢侈品为特色，如华丽而装饰精美的帽子、发带和头饰、珠宝首饰、手套和扇子等。这些配饰与服装图案相互呼应。化妆品和香水也是当时女性的必备品。

洛可可服装设计思路

法国王后玛丽·安托瓦内特（Marie Antoinette）作为洛可可时代的典型时尚代表，并成为将女装推向华贵极致的著名人物，她的名字经常在Midjourney世界中创造洛可可裙子时被提及，这是一种基于历史、技术和文化等多种因素共同作用的结果。她作为洛可可风格的代表人物，其形象和着装风格已经深深地烙在人们的脑海中，成为洛可可美学的象征。

模仿玛丽王后的风格，生成一条粉色洛可可风格长裙，蓬松的裙摆、泡泡袖，是18世纪法国贵族女装的典型风格（图2.44）。

图2.44 洛可可风格的长裙

英文 Prompt：

A high-quality, gorgeous rococo dress for Marie Antoinette, typical of 18th-century French nobility, attire includes an opulent gown with intricate embroidery, lace, and ribbons, and the dress is accessorized with pearls, a feathered headdress, pink dress, with lavish decorations and a sense of regal elegance --ar 3:4 --style raw

中文解析：

玛丽·安托瓦内特的一件高质量、华丽的洛可可风格连衣裙，是18世纪法国贵族的典型代表，服装包括一件带有复杂刺绣、蕾丝和缎带的华丽礼服，连衣裙配有珍珠、羽毛头饰和粉色连衣裙，装饰奢华，有一种帝王般的优雅感

想要一条天蓝色丝绸制成的洛可可舞裙，蓬松的裙摆层层叠叠，丰盈饱满，营造出精致优雅的立体感（图2.45）。

图 2.45 洛可可风格的蓝色礼服裙

英文 Prompt：

A rococo-inspired ball gown with gold and blue accents, with ornate embroidery, detailed lacework, romantic academia, naturalistic, fairy tale fantasy aesthetic, dreamy, fairy tale core --ar 3:4 --v 6.0

中文解析：

一件以洛可可为灵感的舞会礼服，带有金色和蓝色的色调，带有华丽的刺绣、细致的花边、浪漫的学院风、自然主义、童话般的幻想美学、梦幻般的童话核心

设计一顶柔软的白色和粉色色调，由精美的珠宝和闪亮的钻石组成，再加上精致的花朵图案的洛可可风格的帽子（图2.46）。

图 2.46 洛可可风格的帽子

英文 Prompt：

A beautiful rococo hair decorated hat with jewelries, pink and white, shiny diamonds, floral elements --ar 3:4 --style raw --v 6.0

中文解析：

一顶美丽的洛可可式富有装饰的帽子，上面有珠宝，粉色和白色，闪亮的钻石和花卉等元素

一双典雅的洛可可鞋子（图 2.47）。

图 2.47 洛可可风格的女鞋

英文 Prompt：

A pair of beautiful rococo woman shoes made by silk and lace, rococo style, decorated by pink flowers, rococo vintage --ar 3:4 --v 6.0

中文解析：

一双美丽的洛可可女鞋，由丝绸和蕾丝制成，洛可可风格，粉红色花朵装饰，洛可可式复古风

欧洲贵族热衷于收集稀奇异宝，包括东方工艺品如扇子。随着扇子在欧洲贵族中流行，它也逐渐成为一种时尚元素，体现贵族的品位和身份地位。这种文化影响使得扇子在洛可可时期的欧洲社会广泛流行开来（图 2.48）。

图 2.48 洛可可风格的扇子

英文 Prompt：

A highly detailed, ornate rococo-style hand fan, featuring intricate floral and leaf patterns, gold accents, and a regal, aristocratic design --ar 3:4 --style raw --v 6.0

中文解析：

高度细致，华丽的洛可可风格的手扇，以复杂的花朵和树叶图案，金色调，以及帝王般的贵族设计为特色

再来一张穿越时空的洛可可王子照片，这里加入了让整个画面更有感觉的"历史电影""现实主义"等描述词（图2.49）。

英文 Prompt：

Historical cinematic realism, Versailles 1750, handsome prince wearing Rococo period clothes, riding Rococo motorcycle, motorcycle made with porcelain gold and jewels --ar 3:4 --style raw --v 6.0

中文解析：

历史电影现实主义，1750年的凡尔赛，英俊的王子穿着洛可可时代的衣服，骑着洛可可风格的、用瓷金和珠宝制成的摩托车

图2.49 骑着洛可可风格摩托车的王子

洛可可风格通过其独特的艺术和文化特征，对现今的洛丽塔（Lolita）文化的形成和发展产生了间接但深远的影响。洛可可风格的洛丽塔不仅是对洛可可艺术的一种现代诠释，也是洛丽塔文化中对历史服饰风格的一种探索和再创造（图2.50）。

英文 Prompt：

A white and pink lolitafashion dress inspired by vintage Rococo on a mannequin standup display, bow tie around the neck, large ruffles, multiple layered skirt design, anime aesthetic, full-length shot --ar 3:4 --style raw --v 6.0

中文解析：

一件穿在人台上的白色和粉色的洛丽塔时尚连衣裙，灵感来自复古洛可可，脖子上系着领结，大荷叶边，多层裙设计，动漫美学，全身拍摄

图2.50 洛丽塔连衣裙

维多利亚时代

背景介绍

维多利亚时代（Victoria Era）指的是英国历史上维多利亚女王的统治时期，即1837年至1901年。这一时期，英国经历了前所未有的经济增长，社会阶级分明，富裕的中产阶级逐渐崛起。同时，这一时期也是帝国主义扩张的高峰阶段，英国的殖民地遍布全球。这一时代背景对服装的风格和流行趋势产生了重大影响。女王的审美和价值观以及着装风格成为时尚潮流的风向标（图2.51）。工业革命带来了新材料和新技术，例如缝纫机的发明，使得服装生产更加高效，也促进了新款式和设计的出现。

维多利亚时代延续了浪漫主义时期对自然美和柔和线条的热爱。女性的服装风格受到自然形态的启发，强调柔软的肩部、袖子和腰身。流行的服装款式包括宽松的束腰外衣、配有荷叶边和褶饰的裙子以及精致的饰边和刺绣。服装用料品质高，细节精致，丝绸、天鹅绒、蕾丝和精致的刺绣在时尚界很受欢迎。女性通常会穿戴复杂的帽子和发饰，配以羽毛、丝花、蕾丝和宝石。但同时，这个时代对道德和端庄有着严格的标准，这也体现在女性的着装上。女装的领口通常高而保守，袖子长而宽松，露出手腕和前臂。流行的配饰包括手套、阳伞和精致的扇子，所有这些都被认为是优雅和高贵女性的标志。

维多利亚时代的服装风格在不同时期有不同的流行趋势。虽然维多利亚时代早期的服装款式更加庞大，强调宽大的裙子和肩部，但随着时间的推移，廓形逐渐趋向于更加苗条和轻盈。在维多利亚时代后期，女性的服装开始展现出更加自然的腰线和紧身的廓形：早期维多利亚时代（1837-1860）的特点是裙子下摆宽松，袖子蓬松；中期维多利亚时代（1860-1880）强调女性的曲线，腰线高，下摆逐渐收窄；后期维多利亚时代（1880-1901）出现了更加修身的剪裁，袖子更加贴身。

总体而言，维多利亚时代的服装时尚以其华丽、精致和对细节的关注而闻名。它反映了时代的社会价值观、道德规范和对自然美的热爱。维多利亚时代的时尚为现代时尚界留下了持久的影响，它的浪漫主义精神和精致美学仍然吸引着时尚设计师和历史爱好者。

图2.51 维多利亚女王的全家福（图片来源于谷歌）

维多利亚风格服装特点

维多利亚时期的女装设计特点体现在其精致的装饰和保守的剪裁，如蕾丝、褶皱、高领和蓬松裙摆，这些元素共同营造出一种端庄而优雅的风格（图2.52~图2.57）。

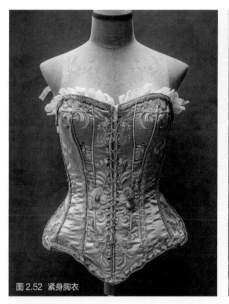
图2.52 紧身胸衣

图2.53 层层叠叠的裙子

图2.54 高领口和长袖细节

腰身极细

维多利亚时代的女性服饰以其突出的腰线而闻名。通过束腰紧身内衣，如骨架紧身衣，人为地强调了沙漏形状的身材。紧身的内衣使女性的腰部看起来更纤细，并突出了臀部和胸部的曲线。

多层裙子

维多利亚时代的裙子通常由多层组成（譬如多层次的荷叶或蛋糕剪裁），包括衬裙、裙撑、内裙和外裙等，创造出丰满、华丽的效果。裙子通常由几层衬裙、下裙和上裙组成，用大量的布料制成。这些裙子往往设计得比较长，有时甚至拖曳至地板，营造出一种优雅而庄重的气质。

高领口和长袖

为了彰显矜持和端庄，上衣普遍采用高领口和长袖的款式。高领的衣服覆盖颈部，有时还会配上精致的蕾丝边饰。袖子有多种造型，从紧身的喇叭袖到蓬松的公主袖都有。袖子通常非常精致，并有各种装饰，如绣花、褶皱或蕾丝。

图2.55 维多利亚风格的帽饰

图2.56 华丽的面料

图2.57 柔和的颜色

帽子和头饰

维多利亚时代的妇女喜欢佩戴各种各样的帽子和头饰，包括宽边帽、小圆帽、羽毛帽和饰有花朵、珠宝或其他装饰品的精致头饰。各种发梳也很流行，如发梳、发夹和发带，通常饰有珍珠、宝石或丝绸花。

华丽的面料和装饰

这一时期女装常采用奢华的面料，如丝绸、天鹅绒、锦缎和精致的蕾丝。这些面料通常搭配精美的花边、绣花和其他装饰细节，如刺绣、缎带、亮片等，体现了当时繁复而奢华的风格。蝴蝶结特别受欢迎，经常被用来装饰裙子、袖子或衣领。

柔和的颜色

维多利亚时代的服装通常采用柔和、浪漫的色调。淡粉色、天蓝色、薰衣草色、薄荷绿等流行色调。黑白色也很常见，尤其是在正式的场合或丧服中。

维多利亚服装设计思路

想象一件天蓝色的维多利亚茶歇裙，仿佛是从春日晴空中裁剪下来的一片云彩。在轻柔的天蓝色丝绸面料上，精致的蕾丝花边如雪花般点缀着裙摆和领口，在阳光下闪耀着细碎的光芒（图2.58）。

英文Prompt：

A beautiful Victorian tea dress, full body shot, light blue silk, delicate floral patterns, intricate lace and embroidery details, soft lighting, romantic atmosphere, sitting on the chair, pre-raphaelite painting style --ar 3:4 --style raw --v 6.0

中文解析：

一件美丽的维多利亚时代下午茶裙装，全身拍摄，浅蓝色丝绸，精致的花卉图案，复杂的蕾丝和刺绣细节，柔和的灯光，浪漫的氛围，坐在椅子上，拉斐尔前派绘画风格

图2.58 维多利亚风格茶歇裙

维多利亚风格的女仆装也是设计师们和服装史爱好者们非常喜欢的一个题材，我们可以沿用前一个设计的大体思路，然后更改一些跟女仆装相关的提示词。注意，AI 具有一定的不确定性，提示词中"女仆帽"被 AI 忽略了（图2.59）。

图2.59 维多利亚风格女仆装

英文Prompt：

A beautiful Victorian maid outfit dress, with a maid hat, full body shot, with a white apron, black bodice, intricate lace and embroidery details, soft lighting, romantic atmosphere, pre-raphaelite painting style --ar 3:4 --style raw --v 6.1

中文解析：

一件美丽的维多利亚时代女仆装连衣裙，戴女仆帽，全身拍摄，白色围裙，黑色紧身胸衣，复杂的蕾丝和刺绣细节，柔和的灯光，浪漫的氛围，拉斐尔前派绘画风格

维多利亚时期的女性侦探风格裙子不仅非常美丽，而且具有独特的时代特色。格纹加上有质感的羊毛面料，同时还想加入按扣、口袋和腰带环等细节（下图中口袋这一元素被 AI 忽略了），以增强侦探角色的经典风格特征（图 2.60）。

英文 Prompt：

A Victorian-era style detective skirt for a woman, in a rich pure coffee brown color upper blouse with a subtle tartan/plaid pattern skirt. The skirt should have a high waist, a slightly flared A-line silhouette, and a mid-calf length. The fabric should have a textured, woolen appearance that conveys a sense of sophistication and practicality. Incorporate details like buttons, pockets, and a belt loop waistband to enhance the classic detective/investigator aesthetic. The overall design should strike a balance between feminine elegance and functional utility --ar 3:4 --style raw --v 6.0

中文解析：

一条维多利亚时代风格的侦探裙，适合女性穿着，上身是浓郁的纯咖啡棕色上衣，搭配精致的格子花纹／格子花纹裙。这条裙子应该有高腰，略呈喇叭形的 A 字形，小腿中部长度。面料应具有质感，羊毛外观，传达出高级感和实用性。融入纽扣、口袋和腰带等细节，增强经典侦探／调查员的美感。整体设计应该在女性优雅和实用性之间取得平衡

图 2.60　维多利亚风格的侦探裙

维多利亚时期女士衬衫的特点到今天来看都是极其优雅美丽的，包括精细的蕾丝装饰、精致的褶皱以及立领设计（图 2.61）。

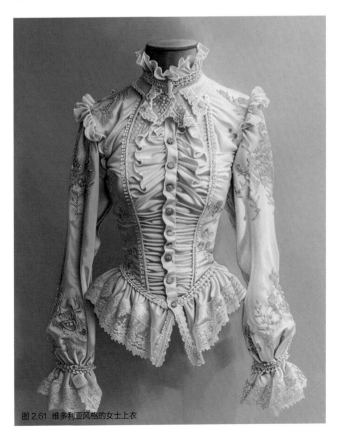

图 2.61　维多利亚风格的女士上衣

英文 Prompt：

A highly detailed and intricate Victorian-era woman's upper blouse, with delicate lace trim, fine pleats, and a high collar. The fabric should have a soft, flowing texture and the overall design should convey a sense of elegant femininity. The blouse should be rendered in a realistic style with attention to the fine details and textures --ar 3:4 --style raw --v 6.0

中文解析：

细节丰富的维多利亚时代女式上衣，精致的蕾丝镶边，精细的褶皱和高领。面料应具有柔软、流畅的质感，整体设计应传达优雅的女性气质。上衣具有照片的真实感，并注意细节和纹理

影视剧及动漫作品中的吸血鬼通常都会穿着维多利亚风格的裙装，除了优雅神秘的气质之外，常见的高领、长袖、长裙等设计，能够遮盖大部分肌肤，与吸血鬼避光的特性相吻合（图2.62）。

英文 Prompt：

Upper class, Victorian era, Victorian style of vampire royal dress with little bat wings, red and gray, full length portrait --ar 3:4 --style raw --v 6.1

中文解析：

上流社会，维多利亚时代，维多利亚风格的吸血鬼皇室连衣裙，带小蝙蝠翅膀，红色和灰色，全身像

图 2.62　维多利亚风格与吸血鬼主题的结合

结合蒸汽朋克的设计要素，来设计一顶特别的、维多利亚时代风格的帽子，用齿轮来点缀（图2.63）。

图 2.63　维多利亚风格与蒸汽朋克的结合

英文 Prompt：

One gorgeous Victorian hat inspired by steampunk, decorated by gears --ar 3:4 --style raw --v 6.0

中文解析：

一顶华丽的维多利亚式帽子，灵感来自蒸汽朋克，饰以齿轮

一双维多利亚复古风的粉色蕾丝靴子，丝绸质地，看起来柔软而光滑，给人一种奢华和浪漫的感觉（图2.64）。

英文 Prompt：

A pair of vintage Victorian pink lace boots, glossy satin, silk --ar 3:4 --style raw --v 6.0

中文解析：

一双复古的维多利亚粉色蕾丝靴子，光滑的缎面，丝绸

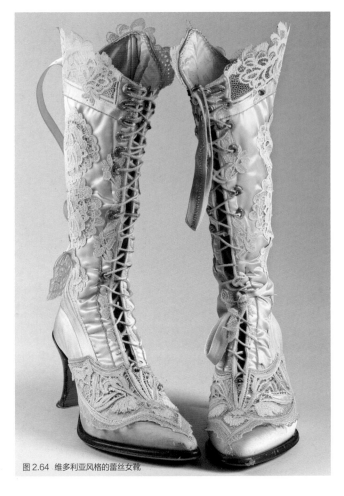

图 2.64 维多利亚风格的蕾丝女靴

随着 Midjourney 的不断升级，想要做出精致的珠宝设计也变得十分容易了，有时候甚至用最简单的提示词描述就能生成惊艳的作品（图2.65）。

图 2.65 维多利亚风格的珠宝设计

英文 Prompt：

A vintage Victorian era necklace made by emerald and silver for a queen --ar 3:4 --style raw --v 6.0

中文解析：

一条为女王而做的，由祖母绿宝石和银制成的复古维多利亚时代项链

爵士时代和装饰风艺术时期

背景介绍

第一次世界大战结束后，美国经济迅速发展，出现了"咆哮的20年代"。工业生产的增长和消费主义的兴起，为人们提供了更多的财富和闲暇时间，也促进了时尚产业的发展。这是一个充满活力和变革的时期。女性在社会中的角色发生了转变。妇女获得了投票权与更多的社会自由，开始进入职场，追求独立和自我表达，并争取更多的权利。这种社会变革也反映在服装风格的演变上，女性开始追求更加舒适、实用的服装，以便更好地适应新的生活方式。女性剪去长发，短发成为时尚，体现了女性解放和自由的精神。

爵士时代（Jazz Age）和装饰风艺术（Art Deco）时期不仅仅是时尚和艺术风格的体现，更是社会变革和文化进化的产物。这两个时期紧随第一次世界大战之后，人们迫切渴望打破传统束缚，追求自由、创新和奢华。这种精神渗透到各个领域，服装风格的演变就是其中的生动体现（图2.66）。

作为一种充满活力和即兴表现的音乐流派，爵士乐在20世纪20年代兴起，这成为爵士时代的标志之一，它代表着自由、奔放和反叛的精神，也影响了当时的文学、艺术和时尚，迅速成为这一时期文化的代表。爵士乐象征着自由、创新和对传统风格的突破。电影、广播和爵士乐表演的蓬勃发展，为人民提供了丰富多彩的文化娱乐活动。人们热衷于参加社交舞会、观看电影和聆听广播节目。

"飞来波女孩"（Flapper）是指20世纪20年代的一类女性，她们以独立、时尚、解放的形象而闻名，是爵士时代的代表性女性形象，她们穿着短裙、短发、化着浓妆，追求自由和享乐，挑战传统的社会规范。飞来波风格的服装特点是低腰线、宽松的廓形和简洁的装饰，体现了女性对传统束缚的反抗（图2.67）。

装饰艺术运动（Art Deco）延续了社会变革的趋势，在20世纪20年代中期至30年代中期达到了鼎盛。这一时期社会经济繁荣，人们渴望在战后初期恢复文化和艺术的辉煌。装饰风艺术受到各种艺术流派的影响，包括古典主义、立体主义和现代主义。在建筑、室内设计和时尚领域，它创造了一种精致而豪华的审美。这一时期的服装风格反映出对奢华和优雅的追求。女性的服装更加贴身，强调曲线美的同时展现腰部的线条。晚礼服、紧身连衣裙和长裙流行，反映出人们对社交活动的热爱。男性西装设计更强调合身，肩部垫厚，以彰显力量感和地位。同时，装饰风艺术强调几何图案、对角线设计和强烈的对称性，这些特点也体现在服装的剪裁和图案上（图2.68）。

图2.66 1920年代的女帽

图2.67 飞来波女孩装扮

图2.68 装饰艺术风格的童装

爵士时代和装饰艺术的服饰特点

爵士时代和装饰艺术的服饰不仅反映了社会变革和文化发展的进程，也展现了人们对自由、创新和奢华的追求。这两个时期的时尚风格相互交织，有许多共同的特点（图2.69~图2.74）。

图2.69 流畅的剪裁和低腰线设计

图2.70 奢华的装饰细节

图2.71 亮丽的色彩

流畅的剪裁和低腰线设计

连衣裙等裙装通常采用流畅的线条剪裁，腰线设计较低，突出了优美的曲线，同时展现了20世纪20年代女性自由、开放和进步的精神。

奢华的面料和细节

经常使用丝绸、蕾丝、天鹅绒等奢华面料，并注重细节装饰，例如精致的刺绣、珠子、亮片和流苏等，体现了当时对奢华享受和感官体验的追求。

亮丽的色彩

服装色彩非常丰富，如香槟色、藏青色、玫瑰金等。

图2.72 精致的配饰

图2.73 头饰设计

图2.74 华丽的氛围

精致的配饰

女性经常搭配精致的配饰，例如长手套、羽毛头饰、珍珠项链、手镯等，体现了20世纪20年代女性对时尚和装饰的喜爱。

复古头饰

发带是爵士时代和装饰风艺术流行的头饰，通常由丝绸、天鹅绒等柔软材料制作，并装饰有珠子、宝石、刺绣、羽毛等。复古风格的帽饰例如宽檐帽和软帽，展现了复古优雅的魅力。

华丽的氛围

爵士时代的服饰华丽氛围是多种因素共同作用的结果，既有物质基础的支撑，也有文化背景的推动。

爵士时代和装饰风艺术服装设计思路

在影视剧里，我们常看到那些像礼服一样闪耀华丽的爵士时代裙子。让我们借助人工智能来探索一下，那个时代女孩们日常生活中的装扮。在 Prompt 的设计中简单描述一下想法，并且加入了 Pastel（柔和色系）这样的提示词，但生成的结果看起来面料和式样都透着现代时尚的气息（图2.75）。

英文 Prompt：

1920s woman wearing an everyday Jazz Age flapper style dress, pastel green, simple and comfortable, Casual 1920s dress, drop waist, knee length --ar 3:4 --style raw --v 6.0

中文解析：

20世纪20年代的女人，穿着爵士时代的日常飞来波风格的连衣裙，柔和的绿色，简单舒适，20世纪20年代的休闲连衣裙，低腰，裙长及膝

图 2.75 飞来波风格的连衣裙

装饰风艺术常用几何图案，干净利落的剪裁极大程度地提升了女性着装的舒适度（图2.76）。

图 2.76 几何图案的运用

英文 Prompt：

Woman wearing a 1920s Art Deco style dress with a dropped waist, geometric pattern, Art Deco style --ar 3:4 --style raw --v 6.0

中文解析：

穿着20世纪20年代装饰艺术风格连衣裙的女性，低腰，几何图案，装饰艺术风格

这个时代的冬装一定要很华丽，优雅的颜色和毛皮可以点缀衬托出女性的高贵气质（图2.77）。

英文 Prompt：

Woman wearing Jazz Age winter ladies' fashion set, 1920s flapper style coats and dresses in rich jewel tones like emerald green, beaded and sequined embellishments, fur trim, long fringed shawls, cloche hats with feather accents, velvet and silk fabrics, elegant and glamorous --ar 3:4 --style raw --v 6.0

中文解析：

穿着爵士时代冬季女士时髦套装的女性，20世纪20年代的飞来波风格外套和连衣裙，翠绿色等色调丰富的宝石、串珠和亮片装饰、毛皮镶边、长流苏披肩、带羽毛的钟形帽、天鹅绒和丝绸面料，优雅迷人

图2.77 爵士时代风格的冬装

再结合爵士时代及装饰风艺术的特点，用孔雀翎毛来设计一个复古又时髦的发饰（图2.78）。

图2.78 爵士时代风格的头饰

英文 Prompt：

A close-up of a woman in Jazz Age 1920s fashion, peacock feathered headband, emotive eyes, against a backdrop of Art Deco designs, silver and emerald tones. High-class Gatsby flair, created using: high-resolution photography, sharp focus, contrasting colors, detailed facial features, ornate headpiece, art deco elegance, Jazz Age style --ar 3:4 --style raw --v 6.0

中文解析：

一位20世纪20年代爵士时代时尚女性的特写镜头，孔雀羽毛头带，充满感情的眼睛，背景是装饰艺术风格的设计，银色和祖母绿色调。高级盖茨比风格，创意地使用：高分辨率摄影，清晰的焦点，对比色，详细的面部特征，华丽的头饰，装饰艺术的优雅，爵士时代的风格

一条装饰艺术风格的优雅美丽酒会礼服（图2.79）。

英文 Prompt：

A model wearing an elegant Art Deco-inspired gown with beaded and sequined accents, in neutral tones of beige or light brown. The dress features a long, flowing skirt and a V-neckline, embodying vintage glamour and sophistication --ar 2:3 --style raw --v 6.1

中文解析：

一位模特穿着一件优雅的装饰艺术风格的礼服，带有串珠和亮片装饰，采用米色或浅棕色的中性色调。这件连衣裙以飘逸的长裙和V领为特色，体现了复古的魅力和精致

图2.79 装饰艺术风格的礼服

爵士时代流行的钟形帽通常由柔软的布料（如丝绸、绒布、毛线等）制成，颜色和图案各异，从素色到花纹都有。帽身和帽檐上常常饰有流苏、蝴蝶结、花边等装饰，增添了女性的优雅和浪漫气质（图2.80）。

图2.80 爵士时代风格的帽子

英文 Prompt：

A 1920's Jazz Age style of lady's cloche hat --ar 3:4 --style raw --v 6.0

中文解析：

20世纪20年代爵士时代风格的女士钟形帽

在上述 Prompt 中再加上"luxury"（奢侈）与"jewelry"（珠宝）的提示词来看看效果（图2.81）。

英文 Prompt：

A 1920's Jazz Age style of lady's cloche hat, luxury, jewelry --ar 3:4 --style raw --v 6.0

中文解析：

20世纪20年代爵士时代风格的女士钟形帽，奢侈品，珠宝

图2.81 奢华的帽饰

1950年代的欧美时尚

背景介绍

1950年代的时尚不仅仅是一种服装风格，它还反映了这个时代的社会、经济和文化转变。二战结束后，美国经济快速复苏，人们的生活水平提高，消费能力增强。这使得时尚成为一种表达个人风格和社会地位的方式，人们开始追求更精致、更时尚的服装。女性开始大规模进入职场，对时尚有了新的需求，时尚产业也因此得到快速发展，成为经济增长的重要引擎。

1947年，克里斯汀·迪奥（Christian Dior）推出的"新风貌"（New Look）系列开创了优雅简约的时尚风潮。简洁利落的剪裁，精致考究的做工，彰显出高雅品位，它彻底改变了战后女性的穿着方式。"新风貌"强调女性的曲线，以其纤细的腰身、宽大的裙摆和丰满的胸部为特征，展现出女性的优雅和精致。这股风潮席卷全球，影响了整个20世纪50年代的时尚，并成为永恒的经典。1950年代的女装强调女性的曲线美和优雅气质。紧身衣、A字裙、精致的帽子和手套等服饰，都体现了女性的柔美和魅力（图2.82）。这种风格不仅符合当时的社会审美，也反映了战后女性想要重拾优雅和自信的愿望。服装的色彩鲜艳，图案丰富，体现了乐观和充满活力的时代精神。明亮的红色、蓝色、黄色和绿色，以及格子、条纹、波点和印花等图案，为服装增添了活力和魅力。

20世纪50年代的好莱坞电影明星，如奥黛丽·赫本（图2.83、图2.84）、玛丽莲·梦露和格蕾丝·凯利，成为了时尚的引领者。她们的优雅和性感，以及她们在电影中穿着的服饰，都深深影响了大众的审美和穿着风格。

图2.82 1950年代的女装风格

图2.83 奥黛丽·赫本经典照片（图片源自谷歌）

图2.84 奥黛丽·赫本经典照片（图片源自谷歌）

1950年代风格服装特点

1950年代的服装以突出女性曲线美为核心，通过"新风貌"的A字形到蓬蓬裙的裙摆设计，融入复古元素如维多利亚和爱德华时代的蕾丝、荷叶边、蝴蝶结，以及明快活泼的色彩和大胆的图案，如亮黄、珊瑚粉、湖水蓝，搭配精致的配饰，展现了当时的优雅与时尚（图2.85~图2.92）。

图2.85 "新风貌"灵感

图2.86 维多利亚时代和爱德华时代的复古元素

图2.87 波点等几何图案和明快的色彩

"新风貌"

由克里斯汀·迪奥在1947年推出，以突出的腰部线条、宽大的裙摆（从A字形到蓬蓬裙，裙摆的形状多样）和精致的剪裁为特征，强调了女性的曲线美。这种风格迅速成为20世纪50年代的主流，影响了整个时尚界。

复古元素

20世纪50年代的服装设计中经常融入维多利亚时代和爱德华时代的复古元素，如蕾丝、荷叶边、蝴蝶结等，充满浪漫气息。

色彩与图案

鲜艳的颜色和大胆的图案开始流行，花卉和条纹、千鸟格、波点等几何图案是这一时期常见的印花图案。

20世纪50年代流行明快活泼的色彩，如亮黄、珊瑚粉、湖水蓝等摆脱了战时的沉闷。明亮的色彩和对比鲜明的图案因其活泼的氛围而受到欢迎。

图2.88 简洁而复古的配饰

配饰

帽子、手套、珍珠项链、手提包和高跟鞋是女性日常装扮的重要组成部分，这些配饰往往非常精致，体现了当时的优雅风尚。

图 2.89 1950 年代的女式套装

图 2.90 休闲实用的女士夏装

图 2.91 1950 年代的青少年女装

套装和铅笔裙

　　1950 年代的女性还经常穿着整齐的套装，包括合身的夹克和铅笔裙。铅笔裙通常在膝盖以下，修身的廓形强调了小蛮腰的曲线。

更自由的女性着装

　　1950 年代，随着社会对女性着装的观念发生变化，短裤开始变得更加时尚，并被视为一种更休闲、更实用的服装选择。

青少年文化

　　随着摇滚乐的兴起，青少年开始形成自己的时尚风格，喜爱紧身裤、皮夹克和 T 恤，这些成为了反叛和个性的象征。

图 2.92 1950 年代风格的男装

男性服饰

　　对于男性而言，西装和领带是标准的工作装，剪裁更加合身，裤腿更窄，肩部更宽，展现出一种干净利落的形象。休闲装方面，牛仔裤和 T 恤也开始流行起来。

1950年代服装设计思路

先来设计一条简练风格的A字连衣裙,AI在袖子部位加上了一些褶皱的小巧思,并将要求的白色腰带换成了银色缎面腰带,令人眼前一亮(图2.93)。

英文Prompt:

Woman wearing a light blue satin A-line dress with short sleeves and puffed shoulders, a knee length skirt, white shoes, and a belt, in the 50s style, on a plain background --ar 3:4 --style raw --v 6.0

中文解析:

女性穿着浅蓝色缎面A字连衣裙,短袖,蓬松的肩膀,及膝的裙子,白色的鞋子和皮带,50年代风格,在一个朴素的背景上

图2.93 1950年代风格的A字裙

再来设计一条非常有特色的复古款粉色波点1950年代风格连衣裙,粉加黑的配色俏皮可爱(图2.94)。

英文Prompt:

Vintage polka dot dress with black trim on the collar and sleeves, pink with peach color, standing on mannequin in front of blue sky with white clouds, hyper realistic photography --ar 3:4 --v 6.0

中文解析:

复古波点连衣裙,衣领和袖子上有黑色镶边,粉红色和桃红色,站在蓝天白云前的人台上,超现实摄影

图2.94 1950年代风格的波点连衣裙

1950年代的西方泳装呈现出时尚的转变，从战后的保守风格到更具女性化的剪裁。紧身连体泳装在1950年代很流行，通常采用明亮的色彩和大胆的图案，如波点、条纹和花卉图案（图2.95）。

图2.95 1950年代风格的泳衣

> 英文Prompt:
>
> 1950's woman wearing a colorful vintage 1950's one-piece swimming outfit, conservative style --ar 3:4 --style raw --v 6.0
>
> 中文解析:
>
> 1950年代的女人穿着一件色彩鲜艳的1950年代的复古连体泳衣，保守风格

1950年代的比基尼裤子通常是高腰的，腰部高度接近肚脐，甚至更高，这与当时流行的连体泳装风格相似（图2.96）。

图2.96 1950年代风格的比基尼

> 英文Prompt:
>
> 1950's woman wearing a colorful vintage 1950's bikini swimming outfit, conservative style --ar 3:4 --style raw --v 6.0
>
> 中文解析:
>
> 1950年代的女人穿着一件色彩鲜艳的1950年代的复古比基尼泳衣，保守风格

1950 年代的铅笔裙是那个时期女性时尚的标志性元素之一。铅笔裙是一种紧身窄裙，通常在膝盖或过膝处收束，强调腿部线条（图 2.97）。

英文 Prompt：

Vintage inspired outfit, light pastel blue pencil dress, fashion of the 1950's, romantic and dreamy aesthetic --ar 3:4 --v 6.0

中文解析：

复古风格的服装，淡蓝色铅笔裙，1950 年代的时尚，浪漫而梦幻的美学

图 2.97 1950 年代风格的波点连衣裙

图 2.98 1950 年代风格的水手服

1950 年代的水手服，尤其是女式水手服，是那个时代的一种流行服装，它融合了海军制服元素和女性的柔美，展现出一种清新、活泼、充满青春气息的风格（图 2.98）。

英文 Prompt：

Vintage photo of a fashion model wearing a 1950' fashion navy sailor dress with a white collar and red shoes --ar 3:4 --style raw --v 6.0

中文解析：

一位时尚模特穿着 1950 年代时尚的海军水手服，白色衣领和红色鞋子的复古照片

1950 年代的时尚既有战后的新气象，也传承了古典优雅风范，奠定了现代时装的重要基础。直到今天，仍有许多设计师从那个年代汲取灵感，创作出令人难忘的经典款式（图 2.99）。

英文 Prompt：

Pink vintage 1950's evening dress with ruffles and flowers on mannequin, in an old room with greenery, pastel tones, vintage style, natural light, soft light, romantic atmosphere, shot from front, full body portrait with professional lighting, volumetric lights --ar 3:4 --v 6.0

中文解析：

1950 年代的粉色复古晚礼服，有荷叶边和花朵装饰穿在人台上，在一个古老的房间里，绿色、柔和的色调，复古风格，自然光，柔和的光线，浪漫的氛围，从正面拍摄，全身像，专业照明，灯光明亮

图 2.99 1950 年代风格的复古礼服裙

第3章

名家来加持

作为一个强大的 AI 图像生成工具，Midjourney 可以理解并模拟各种艺术风格，包括著名画家、设计师的独特风格。你只需要在提示词中指明想要模仿的艺术家和具体的服装要求，Midjourney 就可以生成相应风格的服装设计图。

需要注意的是，名家风格要融入服装中，但不能过于直白，要有创新和抽象。提示词要尽量丰富和具体，包括色彩、图案、面料、背景等细节。要尊重名家版权，避免商业化使用可能涉及的侵权风险。以梵高作品的版权问题为例，梵高本人已经去世超过100年，他的绝大多数作品已经进入了公有领域，不再受版权保护。因此，借鉴梵高的艺术风格本身并不构成侵权。但是少数梵高作品的版权可能由于某些特殊情况而仍然有效，使用前需要核实。**所以，用 Midjourney 从任何名家那里获得灵感来源生成作为个人创意展示的作品，请最好不要涉及商用。**

文森特·梵高（Vincent van Gogh，1853—1890）

梵高是荷兰后印象派画家，以独特的笔触、鲜艳的色彩和强烈的情感表达闻名，代表作包括《星夜》《向日葵》等，他的作品和悲剧人生对后世艺术家产生了深远影响。梵高的作品以强烈的色彩、富有表现力的笔触和情感深度著称，展现了他对自然和人性的独特视角，代表了后印象派艺术的巅峰。

图 3.1 灵感来源于《星夜》的礼服设计

最爱的《星夜》（图 3.1）。

英文 Prompt：

A Haute Couture gown inspired in the style of Van Gogh's Starry Night, with swirling skies and vibrant stars on the dress. The design is displayed in an art gallery setting. High resolution photography, detailed and intricate designs, soft lighting, full body view, wide angle shot, f/2 lens, sharp focus, natural look --ar 3:4 --style raw --v 6.0

中文解析：

这件高级定制礼服的灵感来源于梵高的《星夜》，礼服上有旋转的天空和充满活力的星星，该设计展示在美术馆环境中，高分辨率摄影，细节复杂的设计，柔和的灯光，全身视角，广角拍摄，f/2 镜头，清晰的焦点，自然的外观

第 3 章 名家来加持　73

充满生命力的"向日葵"礼服（图 3.2）。

英文 Prompt：

A woman in a beautiful gown made of Van Gogh's Sunflowers, standing gracefully, in a rustic room with weathered walls and wooden floors. The dress is adorned with intricate floral patterns and shimmering golden accents, capturing the essence of nature's beauty and elegance. Shot in the style of photographer "LHD" --ar 3:4 --style raw --v 6.0

中文解析：

一位女士身着以梵高作品《向日葵》为灵感的美丽长袍，优雅地伫立在一个有着破旧墙壁和陈旧木地板的乡村房间中。这件连衣裙以复杂的花卉图案和闪闪发光的金色装饰，捕捉到了大自然美丽和优雅的精髓。以摄影师"LHD"的风格拍摄

图 3.2　灵感来源于《向日葵》的礼服设计

灿烂的"杏花"（图 3.3）。

英文 Prompt：

Men's fashion inspired by Van Gogh's Almond Blossoms, elegant suit jacket, delicate floral pattern, pastel blue background, white blossoms, high-end fashion photography, studio lighting --ar 3:4 --style raw --v 6.0

中文解析：

受梵高作品《杏花》启发的男士时尚，优雅的西装外套，精致的花朵图案，淡蓝色背景，白色花朵，高端时尚摄影，摄影棚照明

图 3.3　灵感来源于《杏花》的男装图案设计

萨尔瓦多·达利（Salvador Dalí，1904—1989）

达利是西班牙超现实主义画家，以其独特的"偏执狂批判"方法创作了许多荒诞离奇、充满象征意义的作品，如《记忆的永恒》（The Persistence of Memory）。达利的作品以梦幻、荒诞和超现实的视觉元素著称，融合了精湛的绘画技巧和深奥的象征主义，创造出令人惊叹的视觉幻境，挑战观者的认知和想象力。

有趣的是，在接下来两幅设计图中，AI把提示词中的作品名称"The Persistence of Memory"认真地放在了图画的一角（图3.4、图3.5）。其实这是最近 Midjourney 的一项重要更新，大幅提升了其生成结果包含文字图像的能力，生成的文字通常与提示词中要求的文字非常接近或完全一致。虽然在提示词中并没有对 AI 作出要求，但是 AI 如同署名一般打出作品的名字何尝不是现代科技对艺术家的崇高敬意呢？

虽然 Midjourney 还没能够体现出钟表的融化形态，而只能靠丝质裙摆的流动感来表达，但礼服裙身体部位看似突兀的风景图却让我感受到了达利作品中令人着迷的怪诞气息。

图 3.4 灵感来源于《记忆的永恒》的男装

英文 Prompt：

A surreal suit inspired by Salvador Dali's painting The Persistence of Memory, melting clocks, dreamlike elements, decorated by Dali's melting clocks, desert background --ar 3:4 --style raw --v 6.0

中文解析：

灵感来自萨尔瓦多·达利的画作《记忆的永恒》的超现实套装，融化的时钟，梦幻般的元素，由达利融化的时钟装饰，沙漠背景

第 3 章 名家来加持

图 3.5 灵感来源于《记忆的永恒》的礼服设计

英文 Prompt：

A surreal evening silk gown inspired by Salvador Dali's painting The Persistence of Memory, melting clocks, dreamlike elements, decorated by Dali's melting clocks, desert background --ar 3:4 --style raw --v 6.0

中文解析：

一件超现实的丝质晚礼服，灵感来自萨尔瓦多·达利的画作《记忆的永恒》，融化的时钟，梦幻般的元素，由达利融化的时钟装饰，沙漠背景

巴勃罗·毕加索（Pablo Picasso，1881—1973）

毕加索是20世纪最具影响力的西班牙艺术家之一，他与乔治·布拉克（Georges Braque）共同创立了立体主义，其作品跨越蓝色时期、玫瑰色时期、非洲时期和晚年时期，以革新的艺术语言和多变的风格，深刻地影响了现代艺术的发展。

受毕加索立体主义绘画启发，结合立体主义的艺术特色和高饱和度的色彩，设计一件外套（图3.6）。将提示词中的"clothing"改成"rococo dress"（洛可可裙子）得到了图3.7这个款式。

图3.6 灵感来源于毕加索立体主义

图3.7 立体主义与洛可可风格结合

英文 Prompt：

High fashion clothing inspired by Picasso's cubist paintings, avant-garde design, geometric patterns, bold primary colors, abstract faces, asymmetrical cut, runway model, professional fashion photography, white background, dramatic lighting --ar 3:4 --style raw --v 6.0

中文解析：

受毕加索立体主义绘画启发的高级时尚服装，前卫的设计，几何图案，大胆的原色，抽象的面孔，不对称的剪裁，T台模特，专业的时尚摄影，白色背景，戏剧性的灯光

在巴塞罗那的毕加索博物馆，我第一次见到了大量毕加索蓝色时期（1901—1904）的画作，蓝色时期是他艺术生涯中一个重要且独特的阶段，这个时期的作品反映了毕加索对人性脆弱、孤独和苦难的深刻诠释。在展览厅中环顾四周，如同浸入忧郁和悲伤的蓝色海洋。

尽管以古典洛可可风格和蓝色时期作为设计裙装的灵感（图3.8），但这些设计还远远不及我对大师崇高敬仰的万分之一。

图3.8 灵感来源于蓝色时期的礼服

英文 Prompt：

A high-fashion vintage rococo dress inspired by Pablo Picasso's masterpieces from his Blue Period, Blue Period's color theme, weird design, quirky design, studio light --ar 3:4 --style raw --v 6.0

中文解析：

一件高级时尚复古洛可可连衣裙，灵感来自巴勃罗·毕加索的蓝色时期杰作，蓝色时期的颜色主题，奇异的设计，古怪的设计，工作室灯光

古斯塔夫·克里姆特（Gustav Klimt，1862—1918）

克里姆特是奥地利象征主义画家，其作品以大胆的色彩、流畅的线条、金箔装饰以及象征和隐喻的主题而闻名，代表作有《吻》《朱蒂斯》《阿黛尔·布洛赫－鲍尔夫人像》等，体现出19世纪末维也纳的颓废与奢靡。

根据克里姆特的艺术风格，运用同一组提示词尝试，但是生成了不同结果（图3.9、图3.10）。

图3.9 灵感来源于克里姆特的礼服

图3.10 灵感来源于克里姆特的女装造型

英文 Prompt：

Golden fashion design inspired by Gustav Klimt's artwork, full body, studio lightening --ar 3:4 --style raw --v 6.0

中文解析：

金色时装设计灵感来自古斯塔夫·克里姆特的艺术作品，全身，工作室照明

克劳德·莫奈（Claude Monet，1840—1926）

莫奈是法国印象派画家的代表人物之一，以其独特的色彩和光线表现技法，创作了大量描绘自然景观的作品，如《日出·印象》《睡莲》等，莫奈的作品以捕捉光线和色彩的瞬间变化为主，常以户外写生的方式创作，题材多为自然景观，如花园、池塘、大海等，笔触细腻柔和，色彩明亮鲜艳，充满了诗意和梦幻般的意境。

最令人心动的《日出》场景，想要体现画作中朦胧、梦幻的意境（图3.11）。

图3.11 灵感来源于《日出》的礼服裙

英文 Prompt：

Dress design, in the style of fluid, glass-like sculptures, light orange light pink light blue light red and light purple, inspired by Monet's Sunrise, colors of Monet's Sunrise, multilayered mixed media, art nouveau decorative, softly luminous, gossamer fabrics, full body show --ar 3:4 --style raw --v 6.0

中文解析：

连衣裙设计，采用流畅的玻璃状雕塑风格，浅橙色、浅粉色、浅蓝色、浅红色和浅紫色，灵感来自莫奈的《日出》，莫奈《日出》的颜色，综合媒介，新艺术装饰，柔和发光，薄纱织物，全身展示

这条裙子灵感来源于莫奈的《睡莲》，画作中的柔和色调主要包括各种蓝色、粉色、紫色。感谢 Midjourney 特地安排美丽的模特站在睡莲池中，带来这满满的氛围感（图 3.12）。

图 3.12 灵感来源于《睡莲》的礼服裙

英文 Prompt：

A model wearing an intricate and colorful dress with waterlily patterns inspired by Monet, 85-mm-lens, sharp-focus, intricately-detailed, long exposure time --ar 3:4 --style raw --v 6.0

中文解析：

一位模特穿着一件复杂多彩的连衣裙，上面印有受莫奈启发的水彩画图案，85mm 的镜头，清晰的焦点，复杂的细节，长曝光时间

阿尔方斯·穆夏（Alphonse Mucha，1860—1939）

穆夏是捷克著名的艺术家，艺术运动的代表人物，以其独特的装饰性风格和优雅柔美的女性形象而闻名。穆夏的作品以线条流畅、装饰性强、色彩柔和、女性形象优雅典雅为特点，常以长发飘逸、身着华丽服饰的女性为主角，背景多为花卉、藤蔓等自然元素，营造出一种梦幻、唯美、富有诗意的视觉效果。

穆夏作品中的女性形象常展现出高贵的女神气质（图3.13）。穆夏的装饰风格是其作品中非常显著的特征，也是新艺术运动的重要元素。其作品赋予观者一种超凡脱俗的神圣感（图3.14）。

图3.13 灵感来源于穆夏作品的礼服裙

图3.14 灵感来源于穆夏作品的礼服裙

英文 Prompt：

Dress design inspired by Alphonse Mucha, adorned with a floral crown and flowing robes, amidst blooming flowers and verdant foliage, full body shot, in the Art Nouveau style --ar 3:4 --style raw --v 6.0

中文解析：

连衣裙设计灵感来自阿尔方斯·穆夏，饰以花朵王冠和飘逸的长袍，在盛开的花朵和苍翠的树叶中，全身拍摄，新艺术运动风格

英文 Prompt：

Elegant Art Nouveau dress inspired by Alphonse Mucha, flowing floral patterns, pastel colors, intricate details, feminine silhouette, long flowing fabric, ornate headpiece, ethereal and dreamy atmosphere, highly detailed, digital painting --ar 3:4 --style raw --v 6.1

中文解析：

优雅的新艺术运动连衣裙，灵感来自阿尔方斯·穆夏，流动的花卉图案，柔和的颜色，复杂的细节，女性的轮廓，长长的流动织物，华丽的头饰，空灵和梦幻的气氛，高度细致，数字绘画

葛饰北斋（Katsushika Hokusai，1760—1849）

葛饰北斋是日本江户时代后期著名的浮世绘画家，以其富有创意、构图独特、色彩鲜艳的风景画和人物画而闻名于世。代表作《富岳三十六景》中的《神奈川冲浪里》闻名世界，对西方印象派艺术产生了重大影响。

把大海"穿"在身上（图3.15、图3.16）。

图3.15 灵感来源于葛饰北斋的女装设计

英文Prompt：

High fashion suit inspired by Katsushika Hokusai's The Great Wave off Kanagawa, flowing kimono-style silhouette, intricate wave patterns in shades of blue and white, Mount Fuji motif subtly incorporated, traditional Japanese fabric textures, modern runway pose, dramatic lighting, highly detailed digital fashion illustration --ar 3:4 --style raw --v 6.0

中文解析：

高级时装套装的灵感来源于葛饰北斋的《神奈川冲浪里》，流畅的和服风格廓形，复杂的蓝色和白色波浪图案，巧妙地融入了富士山主题，传统的日本织物纹理，现代的T台姿势，戏剧性的灯光，高度详细的数字时尚插图

第 3 章 名家来加持

图 3.16 灵感来源于葛饰北斋的女装设计

英文 Prompt：

A Haute Couture Inspired by Katsushika Hokusai, weird design, modern runway pose, dramatic lighting, highly detailed digital fashion illustration --ar 2:3 --style raw --v 6.0

中文解析：

高级时装，灵感来自葛饰北斋，怪异的设计，现代的 T 台姿势，戏剧性的灯光，高清细节的数字时尚插图

　　这些提示词都是从伟大艺术家们的代表作中汲取灵感，融合了他们独特的色彩、笔触和主题元素。你可以根据自己的创意，修改细节或添加其他元素。记住，要在提示词中明确说明所需的服装类型、图案、色彩、风格、面料和背景等关键信息，这样 Midjourney 才能更准确地理解你的需求，生成相应风格的服装设计图。

第4章
加入喜欢的元素

Midjourney 用不同元素做服装设计的妙处，就在于它能够打破传统的设计思维，创造出充满惊喜和想象力的服装作品。AI 让你的想象力自由驰骋，并为这种跨界设计提供了无限可能。

植物与花朵

从荷花中汲取灵感，纱质的面料，让衣裙随着步伐舞动，仿佛在微风中摇曳（图 4.1）。

英文 Prompt：

A beautiful dress made by lotus and lotus leaves, thin gauze material, lotus leaf edge, fresh and tender petal shape, lotus flower pattern, fashion photography, in the fantasy style --ar 3:4 --style raw --v 6.0

中文解析：

一件由荷花和荷叶制成的美丽连衣裙，薄纱布材料，荷叶边，清新娇嫩的花瓣形状，莲花图案，时尚摄影，幻想风格

图 4.1 灵感来源于荷花的裙子

穿上红色枫叶的厚重款秋裙，仿佛化身为秋日童话中的人物（图 4.2）。

英文 Prompt：

A gown made of maple leaves, with rich burgundy and gold hues, cascading down the mannequin's form. The dress is adorned with various shades of autumn foliage --ar 3:4 --v 6.0

中文解析：

一件由枫叶制成的礼服，带有浓郁的勃艮第红和金色的色调，沿着人台层叠而下，这件礼服上装饰着各种色调的秋叶

图 4.2 灵感来源于枫叶的礼服裙

第 4 章 加入喜欢的元素

院子里垂下来瀑布般的紫藤花是好多人童年的记忆,生成一条以紫藤花为灵感的礼服(图 4.3)。

图 4.3 灵感来源于紫藤花的礼服裙

英文 Prompt:

A purple dress inspired by wisteria flower, with layers and ruffles, is displayed on an empty mannequin. The background color is white, creating a clean look. It features a front view and a full body shot --ar 3:4 --v 6.0

中文解析:

一件以紫藤花为灵感的紫色连衣裙,有层次和褶皱,展示在一个空的人台上。背景颜色为白色,营造出干净的外观。它的特色在于正面视图和全身拍摄

也可以尝试用各种织物来表达花朵的美好（图 4.4）。

英文 Prompt：

Vogue photoshoot of model in oversized dress made from large camellia flowers, in brown and pink colors, walking on a snowy field, in the style of an impressionist painter --ar 3:4 --v 6.0

中文解析：

模特穿着由棕色和粉色的大山茶花制成的超大连衣裙，走在雪地上的时尚照片，具有印象派画家的风格

图 4.4 花朵与织物的结合

图 4.5 灵感来源于兰花的礼服裙

兰花是一种高雅而形状独特的花卉，以兰花元素为灵感产生的设计一直是时尚界的宠儿（图 4.5）。

英文 Prompt：

Haute couture fashion show inspired by huge orchid, full body, front view, realistic photography --ar 3:4 --v 6.1

中文解析：

以巨型兰花为灵感的高级定制时装秀，全身，正面，写实摄影

昆虫的灵感

蝴蝶与飞蛾，这两类充满动感和生命力的生物，一直是设计师们取之不尽的灵感来源。如今让我们借助 Midjourney，以它们为设计元素，打造出一系列兼具自然之美和时尚魅力的服饰。

蝴蝶色彩斑斓，舞姿优雅，是春天的使者，象征着美好、变幻和希望。它们翅膀上的复杂图案和色彩可以为服装设计带来丰富的视觉效果（图4.6、图4.7）。

英文 Prompt：

A purple and blue fairy dress with butterflies on the mannequin, a fantasy dress made in the style of butterfly wings, a full body view of a fairy costume design, a full length detailed fabric fairy dress with a fairycore color palette against a dark gray background --ar 3:4 --v 6.1

中文解析：

穿在人台上有蝴蝶的紫蓝色仙女裙，这件梦幻连衣裙带有蝴蝶翅膀，仙女风格服装设计的全身像，深灰色背景下带有仙女核心配色的织物细节丰富的全长仙女裙

图4.6 灵感来源于蝴蝶的礼服裙

图4.7 灵感来源于蝴蝶的礼服裙

英文 Prompt：

Portrait of a girl with costume inspired by butterflies, wearing an orange and black dress against a dark green background, fine art photography in the style of baroque, full body shot with symmetrical composition, studio lighting --ar 3:4 --v 6.0

中文解析：

一个女孩的肖像，她的服装灵感来自蝴蝶，在深绿色背景下穿着橙色和黑色的连衣裙，巴洛克风格的美术摄影，全身对称构图，摄影棚照明

飞蛾在夜间飞行，拥有与蝴蝶类似的翅膀图案，但通常带有更暗的色彩和更细致的纹理。以飞蛾为灵感设计服装神秘又诡异，甚至有着更大的视觉吸引力（图4.8）。

图 4.8 灵感来源于飞蛾的礼服裙

📎 **英文 Prompt：**

A model in an elaborate gown inspired in the style of the delicate patterns of moth wings, with ruffles and lace that mimic wing texture and color. The dress is adorned with black ink stripes on light beige fabric --ar 3:4 --v 6.0

📎 **中文解析：**

一位模特穿着一件精致的礼服，灵感来自飞蛾翅膀的精致图案，荷叶边和蕾丝模仿翅膀的纹理和颜色。这件连衣裙在浅米色面料上饰有黑色墨水条纹

第 4 章 加入喜欢的元素 **91**

哥特风格与蜘蛛结合,能碰撞出怎样的效果呢?看来,目前 Midjourney 对蜘蛛腿数量的把控还不是很准确(图 4.9)……

图 4.9 灵感来源于蜘蛛的礼服裙

英文 Prompt:

High fashion dress made of spider silk, modeled in the style of gothic, only eight legs, gray theme, full body shot, intricate details, hyper realistic --ar 3:4 --v 6.1

中文解析:

由蜘蛛丝制成的高级时尚连衣裙,以哥特式风格为模型,只有八条腿,灰色主题,全身拍摄,细节复杂,超现实主义

碧绿的蜻蜓就像夏日的精灵（图 4.10）。

> **英文 Prompt：**
> High fashion runway, a model wearing an outfit inspired by dragonfly in green and brown colors --ar 3:4 --style raw --v 6.1

> **中文解析：**
> 高级时装 T 台，模特穿着一套以绿色和棕色蜻蜓为灵感的服装

图 4.10 灵感来源于蜻蜓的概念女装设计

瓢虫被认为是幸运和友好的象征，通常有着红色或橙色翅膀上点缀着黑点的图案。瓢虫图案的服装（图 4.11）也相当可爱呢！

> **英文 Prompt：**
> A little girl dressed as a ladybug, autumn colors, Nikon D850 DSLR 4k photography, high resolution in the style of autumn colors --ar 3:4 --v 6.0

> **中文解析：**
> 一个小女孩打扮成瓢虫，秋天的颜色，尼康 D850 单反 4k 摄影，高分辨率的秋天色彩的风格

图 4.11 灵感来源于瓢虫的童装设计

水中生物

水母就如同海底世界的精灵，总是带着神秘而梦幻的气息。将与水母最接近的透明塑料作为材料，加入水母的提示词让设计充满生机（图4.12）。

图4.12 灵感来源于水母的概念女装设计

英文Prompt：

A fashion model posing in front of a camera with a translucid purple jacket, full body photography, the jacket made by transparent plastic bags looks like a jellyfish. The background is white with grey shades --style raw --ar 3:4 --v 6.0

中文解析：

一位穿着半透明紫色夹克的时装模特在镜头前摆姿势。全身摄影，透明塑料袋制成的夹克看起来像一只水母。白色背景，带有灰色阴影

贝壳形状的裙子，宛如平静海洋的颜色，带来一份清新而又治愈的心情（图4.13）。

英文Prompt：

A model wears an avant-garde white dress with intricate ruffles resembling the texture of a seashell, adorned with large geometric shapes that resemble sea shells --ar 3:4 --v 6.0

中文解析：

一位模特穿着一件前卫的白色连衣裙，连衣裙上有复杂的褶皱，类似于贝壳的纹理，饰以类似贝壳的大几何形状

图4.13 灵感来源于贝壳的概念女装设计

充满趣味感的牡蛎裙子（图4.14）。

图4.14 灵感来源于牡蛎的概念女装设计

英文Prompt：

High fashion photoshoot of a dress inspired by oysters, wearing high heels, full body pose, the dress is inspired by real open and closed oysters --ar 3:4 --v 6.1

中文解析：

以牡蛎壳为灵感的连衣裙的高级时尚照片，穿着高跟鞋，全身姿势，这件连衣裙的灵感来自于真正的开口和闭口的牡蛎

想象一件鱼鳞做成的裙子，采用渐变的浅海水蓝色作为主色调，裙子以鱼鳞为灵感元素，采用鳞片状的褶皱面料，在光线下折射出耀眼的光泽，宛如鱼鳞在阳光下闪耀着梦幻之美（图4.15）。

图 4.15 灵感来源于鱼鳞的礼服设计

英文 Prompt：

A model in an ocean color iridescent fish like dress made of fish scales walks the runway. The photo has the style of vogue magazine, with an emphasis on high fashion --ar 3:4 --v 6.0

中文解析：

一位穿着由鱼鳞制成的、像鱼一样的虹彩斑斓的海洋色连衣裙的模特走在T台上。这张照片有时尚杂志的风格，强调高级时尚感

管状珊瑚的独特结构和形态可以为裙子设计带来很多有趣的元素（图 4.16）。

英文 Prompt：

Photo of very cool model of a couture designer mission to future, a dress inspired by Tubular coral, womenswear, dresses have a lot of volume, all in coral red, weirdness, full body shot, low contrast, subdued lighting --ar 3:4 --style raw --v 6.0

中文解析：

来自一位高级定制设计师，对未来充满使命感的非常酷的模特照片，灵感来源于管状珊瑚的连衣裙，女装，连衣裙体积很大，珊瑚红，怪异，全身拍摄，低对比度，柔和的光线

图 4.16 灵感来源于珊瑚的礼服设计

章鱼是一种奇异美学的代表生物，是海洋中最令人着迷的灵感来源之一（图 4.17）。

英文 Prompt：

A high key photograph of a woman wearing an 3D printing exoskeleton made from octopus --ar 3:4 --v 6.0

中文解析：

一张女性穿着 3D 打印章鱼外骨骼的高调照片

图 4.17 灵感来源于章鱼的服饰设计

可爱的鸟类

鸟类的多样性、色彩和结构让其在古往今来一直是灵感女神的宠儿。挑选几种特色鲜明的鸟类作为设计灵感,比如华美孔雀、热带风情浓郁的鹦鹉、优雅的天鹅等(图4.18~图4.21)。

英文 Prompt:

Elegant evening gown inspired by peacock feathers, iridescent blue and green fabric, dramatic train resembling tail feathers, fitted bodice with feather-like embellishments, Haute Couture design, fashion runway setting --style raw --ar 3:4 --v 6.0

中文解析:

优雅的晚礼服灵感来自孔雀羽毛,彩虹光泽的蓝绿色面料,引人注目的类似尾羽的裙摆,羽毛装饰的合身紧身胸衣,高级定制设计,时尚T台设置

图 4.18 灵感来源于孔雀的礼服设计

图 4.19 灵感来源于金刚鹦鹉的礼服设计

英文 Prompt:

Playful cocktail dress inspired by scarlet macaw, weird design, bright red and green color blocking, feathered skirt with gradient effect, beak-shaped neckline detail --ar 3:4 --style raw --v 6.0

中文解析:

以猩红色金刚鹦鹉为灵感的俏皮鸡尾酒会连衣裙,怪异的设计,明亮的红色和绿色拼色,带有渐变效果的羽毛裙,喙形领口细节

图 4.20 灵感来源于天鹅的设计

英文 Prompt：

Majestic ball gown inspired by swan, pure white layered tulle skirt, feathered bodice, wing-like cape, elegant and ethereal design, lakeside photoshoot setting --ar 3:4 --style raw --v 6.0

中文解析：

以天鹅为灵感的雄伟舞会礼服，纯白分层薄纱裙，羽毛紧身胸衣，翅膀状斗篷，优雅空灵的设计，湖畔摄影设置场景

第 4 章 加入喜欢的元素

图 4.21 灵感来源于火烈鸟的设计

英文 Prompt:

An elegant short evening gown inspired by flamingo, in a dancing gesture, from pale pink to pink, flamingo feather layered skirt, weird and exaggerate design, delicate ruffles resembling plumage, slim bodice with subtle iridescent sheen, flamingo's tail feathers, fluffy dress, one-shoulder design with wing-like sleeve, tropical sunset backdrop, fashion runway setting --ar 3:4 --v 6.1

中文解析:

一件优雅的短晚礼服，灵感来自火烈鸟，以舞蹈的姿态，从淡粉色到粉色，火烈鸟羽毛分层裙，怪异而夸张的设计，精致的类似羽毛的荷叶边，带有微妙彩虹光泽的修身紧身胸衣，火烈鸟的尾羽，蓬松的连衣裙，带翅膀状袖子的单肩设计，热带日落背景，时尚 T 台设置

图书馆与乐器

以图书为灵感，将纸质的纹理与服装的流动感结合，让穿着成为阅读的延伸，每一步都散发着文化的魅力。知识就是力量（图 4.22、图 4.23）！

英文 Prompt：

A beautiful dress made by piles of opened books, funny design --ar 2:3 --style raw --v 6.0

中文解析：

一件由翻开的书堆砌而成的漂亮连衣裙，有趣的设计

图 4.22 灵感来源于图书的设计

图 4.23 灵感来源于图书的设计

英文 Prompt：

A beautiful woman is wearing a dress made from a patchwork of newspapers, minimalistic abstract background, Editorial, Vogue Magazine, 8k, matte photo, whiplash lines --style raw --v 6.0

中文解析：

一位美女穿着一件由报纸拼接而成的连衣裙。极简抽象背景，社论，Vogue 杂志，8k，亚光照片，鞭笞线条

如果用乐器为灵感来做裙子呢（图4.24、图4.25）？

英文 Prompt：

A black and white dress inspired in the style of the shape of an upright piano, made of piano materials fusion, hardwood maple, cast iron, high carbon steel, strings, keyboard --ar 3:4 --v 6.0

中文解析：

一件黑白连衣裙，灵感来源于立式钢琴的形状，由钢琴材料融合、硬木枫木、铸铁、高碳钢、琴弦、键盘制成

图4.24 灵感来源于钢琴的设计

图4.25 灵感来源于大提琴的设计

英文 Prompt：

Elegant evening gown inspired by cello, rich mahogany-toned fabric, curved bodice mimicking cello shape, string-like details running down the skirt, f-hole cutouts on the sides, textured fabric resembling wood grain, flowing train like a cello's end pin, golden accents reminiscent of tuning pegs, haute couture design, soft stage lighting, concert hall backdrop --ar 3:4 --v 6.0

中文解析：

以大提琴为灵感的优雅晚礼服，丰富的桃花心木色调面料，模仿大提琴形状的弯曲紧身胸衣，裙身上的细绳状细节，两侧的f孔切口，类似木纹的纹理织物，像大提琴端针一样具有流动感的拖尾裙摆，让人想起调音钉的金色元素，高级定制设计，柔和的舞台灯光，音乐厅背景

想吃甜点吗？

各种各样美味的甜点也可以插上想象力的翅膀，变成服装设计的灵感哟（图4.26）！

英文 Prompt：

A dress made of strawberry cake, on the mannequin stand in front of the window with green plants, the skirt is pink and white gradient ruffles, a slice of strawberries placed at chest level, made from red transparent sugar material, shimmering under sunlight, delicate texture, surrounded by other cakes, creating an atmosphere full of exquisite beauty --ar 3:4 --v 6.0

中文解析：

一件草莓蛋糕做成的连衣裙，在窗前绿色植物的人体模型架上，裙子是粉红色和白色的渐变荷叶边，一片草莓放在胸前，由红色透明糖材料制成，在阳光下闪闪发光，质地细腻，周围环绕着其他蛋糕，营造出一种充满精致美感的氛围

图 4.26 灵感来源于草莓的设计

五彩缤纷的冰淇淋带来一天好心情（图4.27）！

图 4.27 灵感来源于冰淇淋的设计

英文 Prompt：

A model walks the runway in an ice cream dress made of colorful and whimsical shapes, decorated with oversized candy elements and flowing ruffles, ultra-realistic photography --ar 3:4 --v 6.1

中文解析：

一位模特穿着一件冰淇淋连衣裙走在T台上，这件连衣裙由五颜六色和异想天开的形状制成，装饰着超大的糖果元素和流畅的荷叶边，超现实的摄影作品

奶油糖霜与杯子蛋糕甜美无比（图 4.28）。

图 4.28 灵感来源于奶油蛋糕的礼服裙

英文 Prompt:

A beautiful model wearing an elegant peach pink ballgown with glitter and sequins, she has on a cupcake hat made of cream --ar 3:4 --v 6.0

中文解析:

一位美丽的模特穿着一件优雅的桃粉色亮片舞会礼服，戴着一顶奶油做成的杯子蛋糕帽

走在路上，饿了随手摘一个甜甜圈吃（图 4.29）。

图 4.29 灵感来源于甜甜圈的礼服裙

英文 Prompt:

Woman wearing an elaborate dress made of donuts in the style of product photography. It was a fashion photoshoot with a blue background in high resolution --ar 3:4 --style raw --v 6.0

中文解析:

一位女士穿着由甜甜圈制成的精致连衣裙，以产品摄影的风格呈现。这是一张蓝色背景的时尚照片，分辨率很高

甜蜜可口的情人节巧克力（图4.30）。

图4.30 灵感来源于巧克力的设计

英文 Prompt：

A model wearing a costume inspired by Valentine chocolate, fashion show, realistic photography --ar 3:4 --v 6.0

中文解析：

一个模特穿着以情人节巧克力为灵感的服装，时装秀，写实摄影

幻想生物

使用幻想生物来设计裙子可以创造出非常独特和富有想象力的作品。

龙是一种充满力量和神秘感的幻想生物,在组织提示词的时候可以放入幻想相关的词汇,例如fantasy(指脱离现实的空想或狂想,古怪奇异)、illusion(指"错觉,幻觉",着重虚幻事物的逼真性)等(图4.31)。

英文 Prompt:

A beautiful lady in an elaborate gown inspired by dragon, fantasy photography, illusion, fantasy fashion, highly detailed, hyper realistic, full body portrait --ar 3:4 --style raw --v 6.0

中文解析:

一位穿着精致礼服的美丽女士,灵感来自龙、幻想摄影、错觉、幻想时尚、高度细节、超现实、全身肖像

图4.31 灵感来源于龙的概念礼服设计

凤凰是一个绝佳的灵感来源,它象征着重生、优雅和华丽,非常适合用来设计令人惊叹的裙子(图4.32)。

英文 Prompt:

A stunning dress made of colorful iridescent phoenix feathers and crystals, fantasy style, dark background, high resolution, hyper realistic, hyper detailed rendering --ar 3:4 --v 6.1

中文解析:

一件令人惊叹的由五颜六色的彩色凤凰羽毛和水晶制成的连衣裙,梦幻风格,深色背景,高分辨率,超逼真,超细节渲染

图4.32 灵感来源于凤凰的概念礼服设计

森林中的精灵，以其轻盈与自然之美为灵感，吸收天地之精华，以绿叶苔藓为裙，装饰以闪亮的星尘（图4.33）。

英文 Prompt：

A very beautiful elf wearing a forest inspired dress made by green leaves, moss, star dust --ar 3:4 --style raw --v 6.0

中文解析：

一个非常美丽的精灵，穿着一件以森林为灵感的连衣裙，由绿叶、苔藓和星尘制成

图 4.33 灵感来源于森林的主题设计

克苏鲁是美国恐怖小说家霍华德·菲利普·洛夫克拉夫特笔下的一个虚构的宇宙邪神，形象可怖，拥有巨大的触手和鳞片，象征着人类未知的恐惧和宇宙的黑暗面。然而以克苏鲁为灵感生成的服饰却如此小清新（图4.34）。

英文 Prompt：

Fashion design, a high-fashion photoshoot for an elegant summer dress inspired in the style of Cthulhu's tentacles and sea creatures --ar 3:4 --style raw --v 6.0

中文解析：

时尚设计，为一件优雅的夏装拍摄的高级时尚照片，灵感来自克苏鲁的触手和海洋生物的风格

图 4.34 灵感来源于克苏鲁的女装设计

第 4 章 加入喜欢的元素 107

美人鱼是永恒的传说（图4.35）。

图 4.35 灵感来源于美人鱼的主题设计

英文 Prompt：

A full-body shot of a beautiful mermaid with red hair wearing a teal dress, underwater in a fantasy-style scene with dramatic lighting, a realistic and cinematic underwater setting, and studio-quality photographic realism, captured with a Canon R3 camera and lens at f/4 --style raw --ar 2:3 --v 6.1

中文解析：

用佳能 R3 相机和镜头以 f/4 拍摄的一张全身照片，拍摄了一条红发美丽的美人鱼，穿着蓝绿色连衣裙，在水下以梦幻风格的场景拍摄，有戏剧性的灯光、逼真和电影般的水下环境，以及工作室级的摄影现实主义

各种原材料

想象一条由液态铬制成的舞裙，流动的金属，可塑性强，可轻松打造多种造型（图4.36）。

英文 Prompt：

Futurism style of cloth design made of liquid chrome, shimmering, reflective high fashion, full bodice, flowing, fancy, layered up on layer skirt, full body dress, show room display --ar 3:4 --v 6.0

中文解析：

由液态铬制成的未来主义风格的布料设计，闪闪发光，反光的高级时尚，丰满的胸衣，流动的，花哨的，分层的裙子，全身连衣裙，展厅展示

图4.36 灵感来源于液态金属的概念设计

固态造型也可以多种多样（图4.37）。

图4.37 灵感来源于固态金属的概念设计

英文 Prompt：

Full body shot of model in a chrome metallic bodysuit, with metallic leaves and flowers on her head and legs, in the style of fashion photography --ar 2:3 --style raw --v 6.1

中文解析：

模特身穿铬金属连体衣，头上和腿上有金属叶子和花朵，全身照，时尚摄影风格

剔透的水晶也可以作为服装设计的原材料,提示词甚至不用太复杂就可以很好地表达设计意图(图4.38)。

英文 Prompt:

Create Haute Couture runway gown inspired by crystals --style raw --ar 3:4 --v 6.0

中文解析:

灵感源自水晶的高级定制T台礼服

图4.38 灵感来源于水晶的概念设计

喜欢玩乐高积木吗(图4.39)?

图4.39 灵感来源于乐高积木的概念设计

英文 Prompt:

Fashion photoshoot of a woman wearing a colorful jacket and pants made out of lego blocks, against a white background, for a studio photography fashion magazine cover, with cinematic lighting --style raw --ar 3:4 --v 6.0

中文解析:

一位穿着乐高积木制成的彩色夹克和裤子的女性在白色背景下为工作室摄影时尚杂志封面拍摄的时尚照片,采用电影级照明

用五颜六色的气球来做衣服是多么有趣的想法（图4.40）！

英文 Prompt:

Wide angle fashion shoot of a model wearing a contemporary but futuristic fashion collection of balloons. The clothing is very colorful and reflects the light of the sun, white background --ar 3:4 --style raw --v 6.0

中文解析:

模特穿着当代的但富有未来主义气息的时尚气球系列进行广角时尚拍摄。衣服非常丰富多彩，反射阳光，白色背景

图 4.40 灵感来源于气球的概念设计

用霓虹灯做裙子，点亮夜色（图 4.41）。

图 4.41 灵感来源于霓虹灯的概念设计

英文 Prompt:

A beautiful model wearing a beautiful shiny rococo dress made by neon lights --ar 3:4 --style raw --v 6.0

中文解析:

一位美丽的模特穿着一件由霓虹灯制成的漂亮而闪亮的洛可可风格连衣裙

将教堂花窗的色彩、几何形状和光影效果融入裙子设计中，打造出优雅、神秘、充满艺术感的服饰（图4.42）。

图4.42 灵感来源于彩色玻璃的概念设计

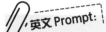英文 Prompt：

A beautiful model woman with a dress made of abstract design colorful stained glass windows, nature light, professional photography --ar 3:4 --style raw --v 6.0

中文解析：

一位穿着抽象设计来自彩色玻璃窗的美丽模特，自然光，专业摄影

用简单的提示词做出的高达机甲风裙子也别有一番风味呀（图4.43）！

图4.43 灵感来源于高达机甲的概念设计

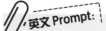英文 Prompt：

A dress inspired by Gundam Mech --ar 3:4 --style raw --v 6.0

中文解析：

灵感来自高达机甲的连衣裙

送您一首青花瓷："素坯勾勒出青花笔锋浓转淡"……青花瓷中有取之不竭的灵感（图4.44）。

图4.44 灵感来源于青花瓷的礼服设计

英文 Prompt：

Fashion design, A vintage-inspired gown inspired in the style of blue and white porcelain china, with intricate floral patterns and ruffles in the style of Rococo --ar 3:4 --style raw --v 6.0

中文解析：

时尚设计，一件复古风格的礼服，灵感来自青花瓷风格，带有洛可可风格的复杂花卉图案和褶边

宇宙与天体

谁能凭爱意将宇宙繁星穿在身上（图4.45）？

图4.45 灵感来源于宇宙的礼服设计

英文 Prompt:

The stars and the universe inspired ball gowns, displayed on mannequins, are made of colorful silk with sparkling sequin embellishments. The colors range from deep blue to red and orange, creating a dazzling effect --ar 3:4 --style raw --v 6.0

中文解析:

灵感来源于星星和宇宙的华丽的晚礼服，展示在人台上，采用五彩缤纷的丝绸制成，并装饰有闪闪发光的亮片。这些服装的颜色从深蓝到红色和橙色，形成了令人眼花缭乱的效果

还想把宇宙中的星球们也据为己有（图4.46）。

图 4.46 灵感来源于星球的礼服设计

英文 Prompt：

Universe inspired dress, elegant, beautiful, gorgeous, sleeves, princess dress, decorated by several real planets --ar 3:4 --style raw --v 6.0

中文解析：

灵感来自宇宙的连衣裙，优雅、美丽、华丽，袖子，公主裙，由几个真实的星球装饰

第 4 章 加入喜欢的元素 | 115

每个小女孩都想要的彩虹裙子（图 4.47）。

图 4.47 灵感来源于彩虹的礼服裙

英文 Prompt:

A children dress inspired by rainbow, lovely, shiny, full of energy, displayed in the sun --ar 3:4 --style raw --v 6.0

中文解析:

灵感来自彩虹的儿童连衣裙，可爱、闪亮、充满活力，在阳光下展示

想以云朵和月夜来做一件美丽至极的晚礼服（图 4.48）。

图 4.48 灵感来源于夜晚的礼服设计

英文 Prompt:

Beautiful girl in a fantasy dress made of clouds and moon night, fantasy, professional photography --ar 3:4 --style raw --v 6.0

中文解析:

美丽的女孩穿着一条梦幻般的，由云和月夜制成的裙子，幻想，专业摄影

第5章
洛丽塔时尚

洛丽塔（Lolita）风格起源于 20 世纪 70 年代末 80 年代初的日本，是一种亚文化和时尚风格，受到维多利亚时代和洛可可时期服饰的影响，主要流行于年轻女性群体中。

洛丽塔服饰通常以连衣裙为主，裙摆蓬松，长度一般在膝盖附近。服装常用蕾丝、褶边、丝带等元素装饰。洛丽塔时尚有多个分支流派，如哥特式洛丽塔（Gothic Lolita）、古典洛丽塔（Classic Lolita）、甜美洛丽塔（Sweet Lolita）等，每个分支流派各有不同的服饰特点。

需要特别注意的是，Midjourney AI 绘图工具对某些敏感词汇是有严格限制的，其中就包括"Lolita"。这样做是为了避免生成任何不恰当或有争议的内容。所以在进行设计的时候，我们可以使用其他提示词来描述洛丽塔风格的特点，例如："victorian doll dress lolitafashion"（维多利亚风格洛丽塔时尚洋娃娃裙，lolitafashion 一词不能有空格），"sweet gothic fashion"（甜美哥特风格），"rococo lace dress"（洛可可蕾丝裙），"elegant gothic lolitafashion"（优雅的哥特洛丽塔时尚）和"frilly doll dress"（褶边娃娃裙）等等。

通过这些提示词可以生成类似洛丽塔风格的服装，同时也避免了使用敏感词汇。使用提示词生成时要专注于服装设计本身的设计元素，如款式、材料、颜色和装饰物等，而不是模特的年龄（图 5.1）。

无论选择哪种风格，请始终以积极正面、充满爱与美的方式进行创作哦！

图 5.1 甜美洛丽塔 A 字连衣裙

英文 Prompt：

Watercolor, cute girl wearing a gothic dress, with a black and pink color scheme, detailed costume design, full-body portrait, anime-style character illustration, cute petticoat skirt with lace trim, a hairband on her head, full-length figure, elegant pose, delicate features, and black shoes, in the style of an anime aesthetic --ar 3:4 --style raw --niji 6

中文解析：

水彩，穿着哥特式连衣裙的可爱女孩，黑色和粉色的配色方案，详细的服装设计，全身肖像，动漫风格的人物插图，蕾丝镶边的可爱衬裙，头上有发带，全长身材，优雅的姿势，精致的特征，黑色的鞋子，动漫美学的风格

二次元的洛丽塔时尚

让我们转到 Niji·journey，这个 AI 工具更擅长生成二次元风格图像，它能够理解并解析用户输入的复杂提示词，包括服装款式、风格、颜色、面料、细节等，并将其转化为相应的图像元素，对服装的褶皱、纹理、光影等表现也能使设计更加丰富。

灵感开始的第一步！让我们来试试生成一个洛丽塔连衣裙的线稿，要求线条明确，袖子和裙子边缘缀有蕾丝，颈部有缎带，再带一些蝴蝶结装饰（5.2）。

虽然提示词里面并没有"人物"的出现，但 Niji 最后给我呈现的作品除了想要的连衣裙，还有可爱的女孩。这应该是因为，在长期与 Midjourney 的合作中，AI 系统可能已经"洞悉"了笔者倾向的某种风格或结构，这可以被视为一种"创作习惯"。

另外，Niji 的默认图片比例就是 3:4，所以我在输入提示词的时候略过了在 Midjourney（默认生成尺寸是 1:1）中需要用到的 --ar 3:4 这个环节。当然，也可以根据个人的需求用 --ar 2:3，--ar 9:16 等各种比例的作品。

图 5.2 洛丽塔连衣裙设计草图

英文 Prompt：

Fashion design line draft, a lolitafashion dress, lace details on the sleeves and skirt edge, ribbon accents around the neck, a bow tie at the waist, white background, flat illustration style, simple drawing lines in the style of a simple drawing --style raw --niji 6

中文解析：

时尚设计线条草图，洛丽塔时尚连衣裙，袖子和裙子边缘的蕾丝细节，脖子上有缎带装饰，腰部有领结，白色背景，平面插图风格，以简单手绘风格呈现的简单线条

这里用到了"--no"这个指令,如果不想让图案中出现某些内容,就可以列在这里,比如 --no flowers, --no red color 等,但是至目前实测还是会有遗漏。

图 5.3 这个设计使用的是 Niji 的上一个版本 Niji5,这是笔者感觉操作非常顺手的一个版本,目前与 Niji6 交替使用中。可爱的女孩又出现了!AI 还很贴心地给裙子做了背面设计。接下来会讲解如何设计服装三视图或者二视图的提示词思路。

图 5.3 洛丽塔连衣裙设计效果图和平面图

英文 Prompt:

Design concept of a dress in the anime style, with a blue and white color scheme. The dress features frills on the collar, sleeve-length sleeves and a skirt, a bow tie in the front, and ruffles at the bottom of the gown. The background is gray, and there are no text or letters --ar 3:4 --niji 5 --no text

中文解析:

设计理念为动漫风格的连衣裙,采用蓝白配色方案。这件连衣裙的特点是衣领、袖子和裙子上有褶边,前面有领结,礼服底部有褶边。背景是灰色的,没有文字

三视图的提示词有"consistency"（一致性），"front view, side view and back view"，一定要跟系统表达清楚所需要的三个视角。三视图的制作在目前的最新版本都还不是特别稳定，主要体现在可能无法完全按照用户的要求生成特定的视角，而且，因为有三个主体，导致精细度不够，只能不停地尝试来实现理想的画面，并仅用于灵感的参考（图5.4）。

图5.4 洛丽塔连衣裙设计三视图

英文 Prompt：

Cute anime girl wearing a dress in pastel colors, character design sheet with front、side and back views. She has a pink bow on the neck of her white lace dress with an embroidered floral pattern, blonde hair in pigtails, and shoes with bows, keep the consistency --ar 4:3 --niji 6

中文解析：

可爱的动漫女孩穿着粉彩色连衣裙，角色设计图有正面、侧面和背面。她的白色蕾丝连衣裙的领口处有一个粉红色的蝴蝶结，上面绣着花朵图案，金发扎着辫子，鞋子上有蝴蝶结

二视图更容易得到精细度更高，细节更丰富的成果，大概是因为需要强调的主体数量少了一个侧像。此外，这条裙子正反面的设计元素不完全协调，这是因为目前 AI 还无法做到完全精准，它更侧重于提供设计灵感（图 5.5）。

图 5.5 洛丽塔连衣裙设计二视图

英文 Prompt：

A set of full-body concept art drawings with flat colors and anime-style linework. The drawings depict an Victorian-style dress with a bow at the waist. The drawings show both front-facing and back views of the outfit, featuring a light blue and dark gray color palette with silver details and snowflake embroidery on the skirt, a simple background. The full-length shots showcase the complete outfit, keep the consistensy --niji 6

中文解析：

一套全身概念的艺术图画，采用平涂颜色和动漫风格的线条。这些图稿描绘了一件腰部有蝴蝶结的维多利亚风格连衣裙。画面中显示了这套服装的正面和背面，以浅蓝色和深灰色为特色，带有银色细节，裙子上有雪花刺绣，背景简单。全长镜头展示了完整的服装，保持一致性

第 5 章 洛丽塔时尚 123

最喜欢的手绘水彩效果，维多利亚古典风配上蓝橙撞色格子布，蕾丝领非常出彩（图5.6）。

英文Prompt：

A vintage fashion illustration of an orange, blue, and white checkered dress with bows in the style of sweet Victorian lolitafashion, featuring elements like lace collars or ruffles, adorned with floral patterns, and displayed on an antique paper background with period-appropriate illustrations. Full-body shot --niji 6

中文解析：

复古时尚插图，展示了一件橙色、蓝色和白色交织的格子连衣裙，带有维多利亚时代洛丽塔风格的蝴蝶结，以蕾丝领或褶边等元素为特色，装饰着花卉图案，并在古董纸背景上展示了具有时代特色的插图，全身拍摄

图 5.6 维多利亚与格子元素组合的洛丽塔连衣裙

加上"manuscript"（手稿）一词之后生成如下所示的设计图纸样（图5.7）。

图 5.7 洛丽塔复古连衣裙手绘风格设计图

英文Prompt：

Design concept manuscript of a vintage dress with a white blouse and blue skirt, featuring polka dot ruffles on the bottom half, and a pastel color palette. Set against a blue background, the design is a hand-drawn black ink sketch outline inspired by lolitafashion --niji 6

中文解析：

复古连衣裙手稿，设计理念是白色衬衫和蓝色裙子，下半部分有波尔卡圆点荷叶边，色调柔和。该设计以蓝色为背景，是一个受洛丽塔时尚启发的手绘墨黑素描轮廓

用冰蓝色与蝴蝶元素来表述清冷、纯净与坚韧的美感（图5.8）。

图5.8 蝴蝶元素的冰蓝色洛丽塔连衣裙

英文Prompt：

An illustration of a full-body anime character with long silver hair and blue eyes, wearing an ice light-blue and white dress adorned with intricate pastel lace, ruffles, bows, crystals, and small dark-blue butterflies. The design includes accessories such as shoes and gloves, and is surrounded by detailed illustrations showing various angles and styles for fashion concept art, close-up shots, flat lay, and character sheet --ar 2:3 --niji 5

中文解析：

一个动漫角色的全身插图，长着银色的长发和蓝色的眼睛，穿着冰淡蓝色和白色的连衣裙，上面装饰着精致的粉彩花边、荷叶边、蝴蝶结、水晶和深蓝色的小蝴蝶。该设计包括鞋子和手套等配饰，并配有详细的插图，展示了时尚概念艺术的各种角度和风格，特写镜头，平面展示，人物角色卡

第 5 章 洛丽塔时尚

在本节的最后再创作一幅漂亮的女孩和甜美洛丽塔的组合吧（图5.9）！

虽然 Niji 可以生成丰富的细节，但对于细节的精确控制能力还有待提高，但 Niji 的发展速度非常快，相信未来它会更加完善，并为服装设计领域带来更多惊喜。

图 5.9 身穿甜美洛丽塔连衣裙的女孩

英文 Prompt：

Create an anime-style illustration of the character in detailed full-body fashion with long curly hair and big eyes, sweet lolitafashion, wearing light pink dress and black ribbon on top , pale skin, gothic style and accessories. Include details such as shoes and gloves for Full body pose reference sheet, emphasizing intricate patterns, textures, and colors. The background should feature flowers and roses in soft pastel tones --niji 5

中文解析：

创作一幅动漫风格的插图，细节丰富，时尚，全身，长卷发和大眼睛，甜美的洛丽塔时尚，穿着浅粉色连衣裙，顶部系着黑丝带，皮肤苍白，哥特式风格和配饰。包括全身姿势参考表中的鞋子和手套等细节，强调复杂的图案、纹理和颜色。背景应该以柔和的粉彩色调的花朵和玫瑰为特色

三次元的洛丽塔时尚

回到 Midjourney，将我们的灵感更加具象化。

洛可可元素加成的甜美系洛丽塔时尚（图 5.10），"动漫美学"（anime aesthetics）这个提示词不管是在二次元还是在三次元的提示词撰写中都非常重要。

英文 Prompt：

A pink and white dress with lace details, ruffles, bows and ribbons layered on top of each other in the style of Rococo fantasy. The design is inspired by anime aesthetics, featuring soft colors and cute shapes. It has intricate detailing and romantic elements, sweet lolitafashion --ar 3:4 --v 6.1

中文解析：

一件粉红色和白色的连衣裙，蕾丝细节、褶边、蝴蝶结和缎带以洛可可幻想风格层叠在一起。该设计灵感来自动漫美学，具有柔和的色彩和可爱的形状。它有复杂的细节和浪漫的元素，甜美的洛丽塔时尚

图 5.10 写实的洛丽塔连衣裙

增加配色，设定场景增加氛围感（图 5.11）。

图 5.11 写实的洛丽塔连衣裙

英文 Prompt：

A cute light blue and white patterned dress with long sleeves, pink gingham lace details on the collar and cuffs, and a red bow sash around the waist. The skirt is layered with polka dots, ruffles, and lace stripes at the bottom edge, displayed on a stand. The scene is set in front of an indoor cafe with flowers, in the style of Japanese anime, sweet lolitafashion --ar 3:4 --v 6.1

中文解析：

一件可爱的浅蓝色和白色长袖连衣裙，衣领和袖口上有粉红色的格子蕾丝细节，腰间有一条红色蝴蝶结腰带。裙子底部边缘有波尔卡圆点、褶边和蕾丝条纹，放在一个架子上。场景设定在一家有鲜花的室内咖啡馆前，采用日本动漫的风格，甜美的洛丽塔时尚

哥特风格与维多利亚样式总是非常和谐，天鹅绒的高贵与神秘感百看不厌（图5.12）。

英文 Prompt：

A dark red and black gothic victorian dress with puffy sleeves on display, with a velvet bodice, lace trimmings, a short skirt and black ruffles. The dress was in the style of Victorian Gothic lolitafashion --ar 3:4 --v 6.1

中文解析：

一件深红色和黑色哥特风格维多利亚式连衣裙，袖子蓬松，天鹅绒胸衣，蕾丝镶边，短裙和黑色褶边。这件衣服是维多利亚式哥特洛丽塔时尚的风格

图5.12 哥特风格与维多利亚元素结合的洛丽塔连衣裙

哥特风格紫色蕾丝连衣裙（图5.13）。

图5.13 哥特风格洛丽塔连衣裙

英文 Prompt：

A purple Gothic dress with lace and ruffles, a black collar, and high heels on a mannequin display stand. Gothic Victorian style, a lavender and pink color scheme, a layered skirt design, anime aesthetic. Vintage background --ar 3:4 --v 6

中文解析：

一件紫色哥特式连衣裙，有蕾丝和褶边，黑色衣领，高跟鞋，展示在人台上。哥特式维多利亚风格，薰衣草和粉红色的配色方案，分层的裙子设计，动漫美学。复古背景

可爱系，给爱丽丝设计的连衣裙，将红蘑菇刺绣点缀在白色的围裙上（图5.14）。显而易见，在 Midjourney v6.1 版本中的刺绣图案进化得更加清晰了。

英文 Prompt：

Alice in Wonderland style apron dress, blue with white ruffle, sweet lolitafashion, a red mushroom embroidery on the apron, full body view, standing pose, simple background, natural light, cute and lovely vibe, anime style, hyper realistic photography --ar 3:4 --v 6.1

中文解析：

爱丽丝梦游仙境风格的围裙，蓝色带白色褶边，甜美洛丽塔时尚，围裙上刺绣有红色蘑菇图案，全身视角，站立姿势，简单的背景，自然光，可爱的氛围，动漫风格，超现实主义摄影

图5.14 具有童话色彩的洛丽塔连衣裙

黑粉挂脖娃娃裙用了"dollcore"（娃娃内核）的提示词。（图5.15）

图5.15 吊带款洛丽塔连衣裙

英文 Prompt：

A pink and black lolitafashion halter dress with ruffles, dollcore, lace trimmings, bow tie elements on the chest, layered skirt design in the style of anime, costume display stand, full body shot in natural light --ar 3:4 --v 6.1

中文解析：

粉红色和黑色的洛丽塔时尚吊带裙，有褶边、娃娃内核、蕾丝装饰、胸前的领结元素、动漫风格的分层裙子设计、服装展示架、自然光下的全身拍摄

仙女系的提示词就是"fairycore"（仙女内核），点缀了珍珠与水晶让裙子更富有浪漫仙气（图5.16）。

英文 Prompt：

A blue and white lace ruffled lolitafashion skirt with sleeves, fairycore, pearl and crystal embellishments, It features delicate details --ar 3:4 --v 6.1

中文解析：

一条蓝白相间的蕾丝褶边洛丽塔时尚裙，有袖子，童话内核，珍珠装饰与水晶装饰，细节精致

图5.16 仙女风洛丽塔连衣裙

用"steampunk style"（蒸汽朋克）+"piratecore"（海盗内核）提示词生成的效果颇有气场（图5.17）。

英文 Prompt：

A red and navy-blue steampunk style dress, lolitafashion, piratecore, anime-style dress with lots of ruffles, displayed on mannequin, short-sleeved corseted bodice adorned in detailed lace --ar 3:4 --v 6.1

中文解析：

红色和海军蓝色蒸汽朋克风格的连衣裙，洛丽塔时尚，海盗内核，有很多荷叶边的动漫风格的裙子，展示在人台上，短袖紧身胸衣，装饰着细节满满的蕾丝

图5.17 蒸汽朋克元素和海盗主题的洛丽塔连衣裙

第5章 洛丽塔时尚

加入更多的童话元素让设计更加出彩！洛丽塔服饰风格追求甜美、可爱和复古，小红帽的形象与这些特点十分契合（图5.18）。

英文 Prompt：

A young girl walks the runway in an outfit inspired by Little Red Riding Hood, with embroidery of roses and leaves on a beige dress, a red velvet coat, and boots. She has long, braided hair, and the image captures a full-body shot of her fashion show look --ar 2:3 --style raw --v 6.1

中文解析：

一个小女孩穿着灵感来源于小红帽的服装走在T台上，米色连衣裙上绣着玫瑰和树叶，红色天鹅绒外套和靴子。她有一头长长的辫子，这张照片捕捉到了她时装秀造型的全身照片

图5.18 小红帽主题的洛丽塔连衣裙

尝试把"蝙蝠""少女"和"吸血鬼"这种神秘、酷感与洛丽塔的精致、可爱结合起来，创造出一种独特的哥特洛丽塔风格（Gothic Lolita）或暗黑甜美洛丽塔风格（Dark Sweet Lolita），这也是笔者非常喜欢的表达方式。头上的恶魔角是Midjourney自行添加的小细节（图5.19）。

图5.19 哥特风格洛丽塔连衣裙

英文 Prompt：

A 10 years old girl dressed in a Victorian-style vampire costume, wearing little bat wings, full-body shot, Victorian Gothic dress with lace details, in light grey dark grey and magenta colors, the dress is with lace details and burgundy accents, full-length photograph, high-resolution photography, insanely detailed, with fine details --ar 2:3 --style raw --v 6.1

中文解析：

一个10岁的女孩，穿着维多利亚风格的吸血鬼服装，戴着小蝙蝠翅膀，全身拍摄，维多利亚哥特式蕾丝细节连衣裙，浅灰色、深灰色和品红色，连衣裙有蕾丝细节和酒红色调，全身照片，高分辨率摄影，细节非常详尽，精致

第 6 章　古风与新中式

哥特风格与猫咪元素的契合度也是极高的（图5.20）。

图 5.20　哥特风格与猫咪元素结合的洛丽塔连衣裙

英文 Prompt：

A fashion model on the Vogue runway wears an intricate pink and grey gothic gown with cat ears, featuring elaborate lace details, ruffles, frills, spikes, a choker necklace, and devil horns. The model is wearing makeup and walking down the runway in front of an audience on stage --ar 2:3 --style raw --v 6.1

中文解析：

Vogue T 台上的一位时装模特穿着一件精致的粉灰色哥特式礼服，上面有猫耳朵，上面有精致的蕾丝细节、褶边、褶饰、尖刺、项链和魔鬼角。模特化着妆，走在观众面前的 T 台上

紫藤花真的是一个很好的灵感元素，笔者个人非常喜欢（图5.21）。

图5.21 紫藤花元素的洛丽塔连衣裙

英文 Prompt：

A young girl in an elegant purple dress with wisteria embroidery walks the runway at Paris Fashion Week for children's fashion shows. The gown features delicate tulle sleeves and ruffles that add to its romantic charm. It is embellished with intricate lace details and soft pastel colors, creating a dreamy atmosphere on her perfect body proportions. Captured by a professional photographer using high-end camera equipment, full body portrait --ar 2:3 --style raw --v 6.1

中文解析：

在巴黎时装周的儿童时装秀上，一位穿着优雅的紫藤花刺绣紫色连衣裙的年轻女孩走在T台上。这件礼服以精致的薄纱袖子和褶边为特色，增添了浪漫的魅力。它点缀着精致的蕾丝细节和柔和的粉彩，在她完美的身体比例上营造出梦幻的氛围。由专业摄影师使用高端相机设备拍摄，全身肖像

图案设计

洛丽塔裙子上不同的图案和设计，通常俗称为柄图，主题多种多样，如甜美可爱的糖果、花朵、动物、幻想场景或抽象艺术。柄图为整体外观增添了视觉吸引力和个人风格，是洛丽塔裙子设计的关键元素。柄图的设计还可以包括不同的元素和工艺，如刺绣、印花、蕾丝叠加或手绘图案。这些设计通常与裙子的其他部位细节相呼应，如领子、袖子等部位的饰边以及腰带等。

打开 Niji，想象两只可爱的，穿着小裙子的小兔子正在开心地喝着下午茶的美好画面（图 5.22）。

图 5.22 洛丽塔图案设计

英文 Prompt：

Two cute bunnies wearing pretty blue dresses, sitting on a table having lovely afternoon tea, watercolor --ar 4:3 --style raw --niji 6

中文解析：

两只可爱的兔子，穿着漂亮的蓝色连衣裙，坐在桌子上，喝着可爱的下午茶，水彩

优雅的熊小姐抱着一颗巨大的草莓（图5.23）。

英文 Prompt:

A lovely bear wearing victorian dress, holding a huge strawberry, watercolor --ar 4:3 --style raw --niji 6

中文解析:

一只可爱的熊，穿着维多利亚时代的裙子，抱着一颗巨大的草莓，水彩画

图 5.23 洛丽塔图案设计

图 5.24 是一幅哥特风格的定位图案，描绘了教堂的窗户与玫瑰。

图 5.24 洛丽塔图案设计

英文 Prompt:

A drawing of a church window with roses, in the style of gothic references, soft outlines, brushwork exploration, clean and sharp inking --ar 3:4 --v 6.1

中文解析:

一幅教堂窗户上有玫瑰的画，借鉴哥特风格，轮廓柔和，笔触具有探索性，干净利落的墨水（笔触）

下午茶主题图案设计（图5.25）。

图 5.25 下午茶主题图案设计

英文 Prompt:

Watercolor illustration of pastel pink and white macarons, tea pot, on the table with magnolia branches, in light beige hue, neutral tone, minimalist, isolated in plain solid background, high resolution --ar 2:1

中文解析:

淡粉色和白色马卡龙的水彩插图，茶壶，桌子上有木兰树枝，浅米色，中性色调，极简主义，孤立在纯色背景中，高分辨率

甜点和精灵的结合是多么可爱，"Pastel"（淡彩）一词放在任何颜色前都可以产生柔和淡雅的效果（图5.26）。

图 5.26 甜点与精灵主题图案设计

英文 Prompt:

A lovely fairy sitting on a cupcake, hand drawn, watercolour, loose clothing, soft pink pastel color, white background --niji 6

中文解析:

一个可爱的仙女坐在纸杯蛋糕上，手绘，水彩，宽松的衣服，柔和的粉红色粉彩，白色背景

适用于深色基底的构图装饰画，以下两幅（图5.27、图5.28）都来源于同一组提示词。

图5.27 城堡主题图案设计

图5.28 城堡主题图案设计

英文 Prompt：

A cute, Kawaii-style golden gothic castle, surrounded by a moon and stars, with green trees in the background. Fairy lights hang from above, and an ornate border with gold foil accents creates a watercolor aesthetic. The black sky is isolated on a black background, in a clipart style --niji 6

中文解析：

一座可爱的金色哥特式城堡，被月亮和星星环绕，以绿树为背景。童话般的灯光悬挂在上方，华丽的金色镶边营造出水彩的美感。黑色的天空孤立在黑色的背景上，采用剪贴画风格。

刺绣图案

之前设计过爱丽丝小裙子上面的蘑菇刺绣,我们可以进一步让他生成更加精致的刺绣图案。

这里也可以直观地看到,同一套提示词"蘑菇的简单刺绣"(AI 还很贴心地准备了刺绣绷子)在 Midjourney(图 5.29)和 Niji(图 5.30)环境生成的结果区别,Midjourney 会更真实(Midjourney 的默认尺寸为 1:1 所以这里不用再标注需要的尺寸),而 Niji 更偏可爱卡通风一些。大家可以根据自己的喜好来选择。

图 5.29 蘑菇刺绣

图 5.30 蘑菇刺绣

英文 Prompt:

Simple embroidery of a mushroom --v 6.1

中文解析:

蘑菇的简单刺绣

英文 Prompt:

Simple embroidery of a mushroom --ar1:1 --niji 6

中文解析:

蘑菇的简单刺绣

当下最新的 v6.1 还可以比较精准地生成一些特定词汇的刺绣设计(图 5.31)。

英文 Prompt:

An embroidery design of the word "LOVE" with flowers decoration --ar 3:4 --v 6.1

中文解析:

花朵装饰的"LOVE"文字刺绣设计

图 5.31 文字主题刺绣

小清新的植物类刺绣会给衣物增添有趣的元素（图 5.32）。

图 5.32 森林主题刺绣

英文 Prompt：

Hand-embroidered illustrations of forest plants, nuts, and acorns on linen fabric. There are also some embroidered pinecones and leaves. The colors used are beige, green, and brown. A closeup shot captures intricate stitches forming various shapes like pinecone, acorn, maple tree seed, almond, adding to their realistic appearance in the style of realistic embroidery --ar 3:4 --style raw

中文解析：

亚麻布上手工刺绣的森林植物、坚果和橡子的插图。还有一些刺绣的松果和树叶。用到米色、绿色和棕色等颜色。以特写镜头捕捉的方式呈现复杂的针脚，形成了松果、橡子、枫树籽、杏仁等各种形状，用真实的刺绣风格增强逼真的外观也可以尝试生成国风苏绣的优雅与精美（图5.33）。

图5.33 模拟苏绣风格

英文Prompt:

Chinese Suzhou embroidery, Chinese Peony of Suzhou embroidery, light green and white, hairspring fabric, exquisite workmanship, softness, dreamlike quality, multi-layer, traditional Chinese embroidery style, watercolor, organic materials --ar 3:4 --style raw --v 6.1

中文解析:

中国苏绣，中国牡丹苏绣，淡绿色和白色，游丝面料，精致的手工，柔软，梦幻般的品质，多层，中国传统刺绣风格，水彩，有机材料

四方连续图案

使用 Midjourney 可以为自己设计的服装制作四方连续印花图案，不同的主题、配色方案均可尝试。此外，Midjourney 专属的"--tile"指令还能确保图案在重复时无缝衔接（使用 Midjourney 的默认 1:1 尺寸效果最佳），节省大量的时间和精力。

水彩和花朵是笔者尤为喜欢的主题，在设想提示词的时候其实并不需要太多华丽的辞藻，只需简单描述即可，譬如紫色的鸢尾花（图 5.34）。但一定记住加上"--tile"指令，否则无法达到无缝衔接的效果。

英文 Prompt：
Watercolor purple and blue iris pattern design, tight --v 6.1 --tile

中文解析：
紫色和蓝色的鸢尾花图案设计

图 5.34 鸢尾花图案设计

充满童趣的萌萌小独角兽们，在提示词里特地加了"4 legs"来避免多出几条腿的情况（图 5.35）。

图 5.35 可爱风独角兽图案设计

英文 Prompt：
Happy Unicorns, pattern design, cute, watercolour, 4 legs --tile --style raw --v 6.1

中文解析：
快乐的独角兽们，图案设计，可爱，水彩，4 条腿

巴洛克时期的经典纹样，配以现代感十足的紫色和绿色撞色设计（图5.36）。

英文 Prompt:

European-style pattern, Baroque style, green and purple --tile --v 6.1

中文解析:

欧式图案，巴洛克风格，绿色和紫色

图 5.36 威廉·莫里斯风格图案设计

让我们从古典艺术中汲取灵感：威廉·莫里斯（William Morris，1834—1896）是英国维多利亚时期著名的设计师、手工艺复兴运动的先驱，在纺织、壁纸、家具、书籍装帧等领域创作了大量精美的作品，其设计风格融合了中世纪手工艺与自然主义元素，非常有特色（图5.37）。

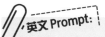

英文 Prompt:

Get lost in the intricate floral elements of forest design by William Morris --tile --v 6.1

中文解析:

迷失在威廉·莫里斯植物设计的复杂花卉元素中

图 5.37 威廉·莫里斯风格图案设计

第6章
古风与新中式

通过选择和组合合适的提示词，我们可以尝试引导 Midjourney 生成特定风格的设计。例如，输入与汉服、刺绣、云纹等相关的词汇，Midjourney 可以生成具有中国古风元素的服装设计（图 6.1）。但需要注意的是，Midjourney 在处理东方文化符号时，由于缺乏对文化背景和历史的深层理解，它生成的设计可能是基于视觉特征的组合，而不一定能够体现中国传统古风服装设计背后的文化内涵和历史意义。这可能导致某些设计在文化表达上显得浅薄或不准确。

Midjourney 在生成古风服装时，可能会形成一些具有现代感的创新设计，这对于新中式风格的设计是有益的。但如果目标是严格再现传统服饰，AI 生成结果可能需要进一步的人工干预和修正。

可以说，Midjourney 适合用于创意探索和快速设计迭代，特别是在新中式或融合风格的服装设计中作为灵感来源和参考是颇有新意的，但对于需要高度准确性和文化表达的设计任务，仍需设计师的专业判断和调整。

图 6.1 新中式印花连衣裙

英文 Prompt：

Dusty rose floral print long-sleeve tulle dress with a white belt, children's girls' fashion photography, spring collection, romantic atmosphere, floral pattern fabric, ancient Chinese vintage aesthetic, intricate details, pastel color palette, hyper-realistic details, studio lighting, front view --ar 3:4 --v 6.1 --style raw

中文解析：

灰粉色玫瑰印花长袖薄纱连衣裙，配白色腰带，儿童女孩时尚摄影，春季系列，浪漫氛围，花卉图案面料，中国古代复古美学，精致细节，柔和色调，超现实细节，工作室照明，前视图

新中式概念服饰

新中式风格将中国传统文化元素与现代设计理念相结合，既保留了传统中式服装的精髓和经典元素，同时又融入了现代审美和实用需求，使得服饰既具有古典韵味又不失现代感（图6.2）。

英文 Prompt：

A gorgeous designed Hanfu gown with floral patterns in the style of traditional Chinese style, featuring dark red and light orange colors and black sash belt details. The dress is displayed on an elegant mannequin display stand, illuminated by soft lighting that accentuates its intricate design. It is adorned with delicate embroideried flowers and leaves, adding to the traditional aesthetic of ancient China --ar 2:3 --v 6.1

中文解析：

一件设计华丽的汉服，带有中国传统风格的花卉图案，深红色和浅橙色，黑色腰带细节。这件连衣裙被展示在一个优雅的人台上，柔和的灯光突显了其复杂的设计。它装饰着精致的刺绣花朵和叶子，增添了中国古代的传统美

图6.2 华丽的汉服

对于"云纹+中式水墨"的提示词，目前看Midjourney的理解还不是太到位（图6.3）。

英文 Prompt：

A beautiful woman wearing an exquisite Chinese Hanfu with Chinese inky cloud patterns and fine details, standing full body, highlighting the texture of the fabric. Soft lighting creates a classical atmosphere. High-definition photography, full-body portrait, warm tones, in the style of ancient Chinese art --ar 2:3 --style raw --v 6.1

中文解析：

一位美丽的女子身穿一件精致的中国汉服，上面有水墨中国云纹图案和精美的细节，站姿全身像，突显了面料的质感。柔和的灯光营造出古典氛围。高清摄影，全身肖像，暖色调，中国古代艺术风格

图6.3 水墨印花汉服

龙纹与柔和色彩的巧妙搭配，营造出了一种既优雅又充满仙气的风格（图6.4）。

> **英文 Prompt:**
>
> A male model in Hanfu is walking on the runway show, He wears light blue silk long sleeves and white shoes, Chinese dragon embroidery, The background is creating an atmosphere reminiscent of ancient China's Song Dynasty. The image is in focus, with soft lighting and an exquisite level of detail in 32K ultra-high definition resolution, showcasing the delicate Chinese style --ar 2:3 --v 6.1

> **中文解析：**
>
> 一位男模特身穿汉服走在T台上，他穿着淡蓝色的丝绸长袖汉服和白色的鞋子，中国龙刺绣，背景营造出一种让人想起中国古代宋朝的氛围。图像聚焦，柔和的灯光和32K超高清分辨率的精致细节，展示了精致的中国风格

图6.4 龙纹男士汉服

以蓝色为主色，搭配白色毛领的新中式冬装是一个非常优雅且富有现代感的设计理念。这种组合既能体现中国传统元素，又能呈现出冬季时尚而温馨的气息（图6.5）。

> **英文 Prompt:**
>
> A white and blue Chinese winter fox fur cape Long cloak big fur, plush decorative neckline, long cloak, standing collar design, white fur collar, waist golden Phoenix embroidery, decorative design, beautiful retro elegant dress, moving colors, rich layers, lifelike, luxurious elegance, embroidery crystal pearl crystal, crystal diamond phoenix dragon, Beautiful Scene, Surrealism --v 6.1 --ar 2:3

> **中文解析：**
>
> 一件白色和蓝色的中国冬狐皮斗篷，长斗篷大毛皮，毛绒装饰领口，长斗篷，立领设计，白色毛皮领，腰部有金色凤凰刺绣，装饰设计，美丽复古优雅的连衣裙，动人的色彩，丰富的层次，栩栩如生，豪华优雅，刺绣水晶珍珠水晶，水晶钻石龙凤，美丽的场景，超现实主义

图6.5 新中式冬装

第 6 章 古风与新中式

设计一款新中式童装，以橙色为主色调，既活泼又衬托肤色，展现孩子的活力与朝气。半透明青绿色外搭上绘着竹子的图案，清新又可爱（图6.6）。

英文 Prompt：

A beautiful Chinese 5 years girl wearing a Chinese traditional summer Song Dynasty dress, Chinese green hanfu collar chiffon fabric, bamboo patterns, round neckline, slim design, two-piece suit, Chinese red on the inside dress, jacketed with a sheer tulle short-sleeved costume, Chinese green with bamboo totem pattern on the top transparent surface, traditional Hanfu costume --ar 2:3 --v 6.1

中文解析：

一个美丽的5岁中国女孩，穿着中国传统夏季宋装，中国绿色汉服领雪纺面料，竹纹，圆领，修身设计，两件套，内搭中国红色，外套透明薄纱短袖服装，顶部透明表面有竹图腾图案，中国绿色，传统汉服服装

图6.6 女童汉服

再设计一套春节氛围的男孩装束，采用了红色打底金色龙纹绣花，颇具喜庆风格。读者朋友们肯定已经注意到，Midjourney在色彩搭配上的审美一直备受赞誉。在指令中提到的红色与金色的搭配，在成像中不仅避免了俗气，反而使得整体色调和谐而精致（图6.7）。

英文 Prompt：

A young boy wearing traditional Chinese Hanfu on the runway, dressed in a red and gold embroidered robe with a dragon pattern, a white silk skirt at the waist, and exquisite shoes. The full-body photograph, creating a Chinese New Year atmosphere with a simple background and high-definition, high-resolution photography showcasing the intricate details --ar 2:3 --v 6.1

中文解析：

一个穿着中国传统汉服的小男孩在T台上，穿着一件红色和金色的绣有龙图案的长袍，腰上穿着白色的丝绸裙子，脚上穿着精致的鞋子。这张全身照以简单的背景和高清高分辨率的照片营造出中国新年的氛围，展示了错综复杂的细节

图6.7 男童汉服

新中式风格的丝质马甲，天青色与金色的搭配很出挑。运用了"不对称设计"（asymmetrical design，相反也可以用"对称的"symmetrical 来描述）的提示词，但成品好像只有颜色花纹不对称，而且还自动生成了云纹（图6.8）。

英文 Prompt:

A teal and green silk vest with an asymmetrical design, new ancient Chinese style, featuring golden floral patterns on the front. The top is a sleeveless jacket made from satin fabric, while the bottom half features an exquisite high-low skirt that falls gracefully over the legs. It's displayed on a mannequin for display. This outfit embodies traditional Asian aesthetics with its elegant color scheme and intricate patterned details, in the style of traditional Asian fashion --ar 2:3 --style raw --v 6.1

中文解析:

天青色和绿色的丝绸背心，不对称设计，新中式风格，正面有金色花朵图案。上衣是一件由缎面织物制成的无袖夹克，而下半部分则是一条精致的高低裙，优雅地垂在腿上。它被展示在人台上。这套服装以优雅的配色方案和复杂的图案细节体现了传统的亚洲美学，采用传统的亚洲时尚风格

图6.8 新中式风格丝质马甲

新中式与亚历山大·麦昆的碰撞，将传统文化与前卫时尚结合，带来一种既古典又现代，既优雅又充满张力的全新时尚风格。有趣的是，在提示词中只提到了"刺绣"，并没有去定义花纹，而成品上自行出现的彼岸花般纹样却着实应景（图6.9）。

英文 Prompt:

A beautiful woman in an ancient Chinese style of black and red embroidered Hanfu with long sleeves walks on the runway, new ancient Chinese style of a complementary design element from Alexander McQueen. Dark romanticism and fantasy couture, featuring elements of traditional costumes with modern design spirit --ar 2:3 --style raw --v 6.1

中文解析:

一位穿着中国古代风格的黑色和红色刺绣长袖汉服的美丽女子走在T台上，新式中国古代风格与亚历山大·麦昆的设计元素相辅相成。黑暗浪漫主义和幻想时装，以传统服装元素为特色，融合现代设计精神

图6.9 现代汉服设计

第 6 章 古风与新中式　149

新中式是一种将传统中国文化元素与现代设计理念相结合的风格，而民族风则是各类地域性民族服饰文化的表达，两者的结合可以创造出具有独特文化内涵和现代感的设计风格（图6.10）。因为 Midjourney 对我国的民族文化了解程度不足以让其呈现出准确细节，所以在思考提示词的时候就用了"ethnic-style Chinese Hanfu dress"（中国民族风格汉服）这样比较笼统的说法。注意，由于 AI 的不确定性，图片并未生成黑色鞋子和白色外套。

英文 Prompt：

A beautiful girl wearing an ethnic-style Chinese Hanfu dress, with exquisite embroidery on the skirt featuring traditional auspicious patterns and colorful silk threads woven into it. She is dressed in an elegant white long-sleeved jacket with black shoes underneath, standing tall under the clear sunlight, with full-body photos taken by professional photographers --ar 2:3 --v 6.1

中文解析：

一位穿着中国民族风格汉服的漂亮女孩，裙子上带有精致的刺绣，上面有传统的吉祥图案和五颜六色的丝线。她穿着一件优雅的白色长袖外套，里面有黑色的鞋子，在晴朗的阳光下高高地站着，全身照片由专业摄影师拍摄

图 6.10　民族风格的汉服

设计一件新中式的男士夹克，可以结合传统元素与现代时尚进行融合，以达到既经典又具有时尚感的效果。背后的孔雀图案建议采用大面积的刺绣工艺，孔雀的羽毛部分可以用金线和不同深浅的绿色丝线刺绣，展现出孔雀羽毛的层次感与光泽感（图6.11）。

英文 Prompt：

A white leather jacket with an embroidered peacock and flowers on the back, new Chinese style, high-definition details, full-body photos of men wearing blazer jackets, a fashionable design, a retro color scheme, a high-end feel, exquisite embroidery craftsmanship, an embroidery art style, bright colors, a gorgeous fabric texture, and a luxurious atmosphere --ar 2:3 --v 6.1

中文解析：

一件背面绣有孔雀和花朵的白色皮夹克，新中式风格，高清细节，男士穿着运动夹克的全身照片，时尚的设计，怀旧感配色方案，高端的感觉，精湛的刺绣工艺，刺绣艺术风格，鲜艳的色彩，华丽的面料质感，奢华的氛围

图 6.11　中国风男士外套

百褶裙与传统水墨的结合，Midjourney 创造性地融入了西洋风格的袖子，黑白对比，别有一番韵味（图 6.12）。

图 6.12 百褶裙与水墨图案结合的新中式礼服

英文 Prompt：

A model wearing an off-white and black, pleated skirt in the Chinese style, new Chinese style, a full-body portrait. The dress features traditional Chinese ink painting patterns of birds and plants on its bodice and is adorned with delicate embroidery that reflects ancient artistry, a stark contrast against the intricate details --ar 2:3 --v 6.1

中文解析：

一位模特穿着一条米白色和黑色的中国式百褶裙，新中国风，一幅全身肖像画。这件连衣裙的上衣以中国传统水墨画的鸟和植物图案为特色，并饰有反映古代艺术的精致刺绣，与复杂的细节形成鲜明对比

用几乎同样的提示词再加上"glossy silk texture"（有光泽的丝绸质地）得到更具象化的设计（图6.13）。

在 Midjourney v6.1 版本下，服装设计图的式样和花纹展现出了更高的逻辑性和协调性（图6.14）。注意，裙摆的图案应从前片延伸至后片，AI 生成时遗漏了这一细节，提示词中要求的三视图也被忽略了。

图6.13 丝质褶裥汉服

英文 Prompt：

The design sketch of the Chinese-style cheongsam features an A-line silhouette, a full-length skirt with floral embroidery on both sides and above the knee. The front view showcases two designs, including one line drawing and three views. It is drawn in pencil lines, with clear details such as sleeves, buttons, collar, and lace decoration. Emphasizing the pattern's outline, it highlights traditional elements such as plum blossoms or orchids on a white background --v 6.1

中文解析：

中式旗袍的设计草图以 A 字形轮廓为特色，是一条两侧和膝盖以上都有花卉刺绣的长裙。正视图展示了两种设计，包括一种线条图和三种视图。它以铅笔线绘制，袖子、纽扣、衣领和蕾丝装饰等细节清晰可见。强调图案的轮廓，它突出了传统元素，如白色背景上的梅花或兰花

图6.14 中式旗袍设计草图

加入色彩和更多的描述性指令，以设计蓝图的表达方式让新中式设计更加鲜活（图6.15）。不得不提，在最新的v 6.1版本加持下，牡丹刺绣与纱布材质的透明感表达得太逼真了！

英文Prompt：

Design sketch of a blue new Chinese style of evening dress with golden peony embroidery, on a white background, in a hand-drawn style drawing on paper, vintage design drawings of the brand, highly detailed and realistic in a watercolor pencil style, featuring gauze and lace fabric materials, with elements inspired by traditional Chinese design --ar 3:4 --v 6.1

中文解析：

一件蓝色新中式晚礼服的设计草图，金色牡丹刺绣，白色背景，手绘风格图纸，品牌复古设计图纸，水彩画铅笔风格，细节丰富，逼真，以纱布和蕾丝面料为特色，元素灵感来自中国传统设计

图6.15 新中式礼服设计图

复杂而充满细节的粉色流苏旗袍，是笔者一直想拥有的款式（图6.16）。

英文Prompt：

Design drawing, a detailed and intricate design of an elegant pink lace cheongsam with floral embellishments on the collar line and sleeves, new Chinese style, tassels decoration, flower embroidery, drawings from different angles, with blueprints for the fabric material to be used in costume making. White background --ar 3:4 --v 6.1

中文解析：

设计图，一件优雅的粉红色蕾丝旗袍的详细而复杂的设计，领口和袖子上有花朵装饰，新中式风格，流苏装饰，花朵刺绣，不同角度的图纸，以及用于服装制作的织物材料的蓝图。白色背景

图6.16 有流苏细节的旗袍设计图

用 Niji 模型来做国风设计，强调人物的出现之后，能得到效果很好的漫画美丽女子肖像（图6.17）。

图6.17 漫画风格的汉服设计图

英文 Prompt：

Full-body portrait of an elegant ancient Chinese girl wearing a long Hanfu robe, simple hairstyle, a gold and white silk scarf, a brown embroidered dress with a sash at the waist, and a yellow butterfly flying around her head. The background is clean, with ethereal illustrations, high resolution, and an anime aesthetic, resembling a traditional painting on a beige background with simple and white skin --ar 2:3 --niji 6

中文解析：

一位优雅的中国古代女孩的全身肖像，她穿着长长的汉服，简单的发型，一条金色和白色的丝绸围巾，一条棕色的绣花连衣裙，腰间有一条腰带，一只黄色的蝴蝶在她头上飞舞。背景干净，有空灵的插图、高分辨率和动漫美学，类似于米色背景上的传统绘画，皮肤简单而白皙

154　Midjourney AI 服装设计创作教程

虽然线条逻辑还有待商榷，但 Niji 在这个提示词下生成的二视图却非常和谐，特别适合作为灵感来源的参考（图 6.18）。

图 6.18 新中式礼服二视图

英文 Prompt：

Anime-style concept design sheet of new Chinese style pink floral dress, front view and back view. The gown is adorned with golden accents on its neckline and arm sleeves. It features an open crisscrossed collar that opens up to reveal skin in its center --ar 3:4 --niji 6

中文解析：

动漫风格概念设计表，新中式粉红色碎花连衣裙，前视图和后视图。这件礼服的领口和袖子上点缀着金色的装饰。它的特点是一个开放的十字交叉衣领，可以打开露出中心的皮肤

新中式细节与配饰

云肩是一种起源于中国的传统服饰装饰品，最早可以追溯到秦汉时期，但在宋元时期逐渐定型并开始流行，到了明代和清代达到鼎盛。云肩通常是披在肩上的装饰，形状类似于云朵，因而得名。它在不同的历史时期有不同的形状和装饰风格，通常以丝绸、刺绣和华丽的装饰图案制成。直接翻译云肩在 Midjourney 中无法得到很好的识别效果，所以用了比较委婉的描述方式——"超大刺绣衣领"（oversized embroidered collar），生成的图案展现出令人满意的艺术效果（图6.19）。

英文 Prompt:

Oversized embroidered collar with pink tassels, featuring traditional Chinese patterns and peonies in shades of purple, blue, and navy, with a symmetrical composition, white background, and a flat design style --ar 3:4 --v 6.1

中文解析:

超大刺绣衣领，粉色流苏，以中国传统图案和紫色、蓝色和海军蓝色调的牡丹为特色，构图对称，白色背景，平面设计风格

图6.19 新中式云肩

上衣局部的盘扣和刺绣装饰，没有对应的英文词汇，用了"中式搭扣"（Chinese style buckle）这个描述。生成的结果可以看到盘扣处有些模糊，这可能是因为 Midjourney 太不熟悉这个元素（图6.20）。

图6.20 中式搭扣设计

英文 Prompt:

A light green embroidered Chinese style buckle, embroidery craftsmanship, adorned with exquisite floral embroidery and gold thread work on the collar for an elegant touch, a detailed close-up, macro photography, with natural lighting, product photography --ar 3:4 --v 6.1

中文解析:

一个浅绿色的中式刺绣搭扣，刺绣工艺，衣领上装饰着精致的花卉刺绣和金线，触感优雅，特写细节，微距摄影，自然光照，产品摄影

绝美的国风 3D 刺绣花朵（图 6.21）。

英文 Prompt：

Surreal 3D embroidery of flowers, in the style of pink and dark blue styles with embroidery on the petals, in the style of pink embroidered peonies in full bloom, and pink silk leaves, embroidered with delicate details. The background is a solid color gradient. Close-up shot. High-definition details. Colorful. A group of large pink flowers. Embroidered textured flowers. Exquisite and detailed embroidery art style --ar 3:4 --v 6.1

中文解析：

超现实的 3D 花朵刺绣，以粉色和深蓝色的风格在花瓣上刺绣，以盛开的粉色牡丹和粉色丝绸叶子的风格刺绣，细节精致。背景是纯色渐变。特写镜头。高清细节。色彩丰富。一组粉红色的大花。刺绣纹理花朵。精致且细节丰富的刺绣艺术风格

图 6.21 新中国风 3D 绣花

中式民族风的花朵流苏衣服装饰，也可以运用到发饰、耳环、胸针等领域。在 Midjourney 的描述中是用了"胸针"（Brooch）这个词汇来实现的（图 6.22）。

英文 Prompt：

A beautiful and intricate embroidered brooch with a tassel. The design is in dark reds and navy blues inspired by Chinese ethnic. It has an open-work circular shape with flowers inside. There are some fringes hanging from one side. The background color should be black to make the colors stand out more. Professional product photograph --ar 3:4 --v 6.1

中文解析：

一枚美丽而精致的流苏刺绣胸针。该设计采用深红色和海军蓝，灵感来自中国民族风格。它呈开放式圆形，内部有花朵。有一些流苏从一边垂下来。背景颜色应该是黑色，以使颜色更加突出。专业产品照

图 6.22 民族风刺绣胸针

第 6 章　古风与新中式　**157**

在设计华贵的中式簪子时，笔者努力尝试表现点翠工艺的色泽，但目前还未找到更合适的描述方式，只好选择利用珐琅材质和颜色强调来间接传达这一效果（图6.23）。

英文 Prompt：

A Chinese traditional hairpin with flowers made of enamel and pearls, featuring blue, red, purple, gold, and silver colors in a Chinese-inspired style. The hair pin is set with gemstones and beads on the end, showcasing exquisite details, an elegant design, and delicate lines. The gorgeous color matching is highlighted by natural lighting, product photography, and studio lighting, captured in a front view against a simple, solid dark background --ar 3:4

中文解析：

一种中国传统发夹，饰有珐琅和珍珠制成的花朵，以蓝色、红色、紫色、金色和银色为特色，具有中国风格。发夹的末端镶嵌着宝石和珠子，展现出精致的细节、优雅的设计和精细的线条。自然光、产品摄影模式和工作室照明突出了华丽的色彩搭配，这些都是在简单、坚实的深色背景下拍摄的前视图

图 6.23　中式发簪

第7章

时装设计图

通过前几章的了解，我们目前更加能体会到，Midjourney 的生成方式并不受传统设计思维的限制，往往会带来一些意想不到的细节，这些细节可能正是设计中缺少的灵感火花，这意味着我们可以看到一些打破常规的设计方案，并可能进一步发现新的设计主题或方向，例如一种未曾考虑过的色彩搭配、材质组合或剪裁方式，为时装设计工作注入新的活力和创作动力。

一颗热爱美、热爱设计的心就像一块磁铁，总是能敏锐地吸引到周围环境中的灵感，这份热忱驱使着设计师们不断探索、观察和思考，将生活中看似平凡的点滴转化为充满创意的设计作品。

现代简约休闲风

我们先从现代简约风格开始入手。"时装设计草图"（fashion design sketch）是开始创作的基础提示词。轻松随意的笔触显示出 AI 在很努力地模仿人类呢（图 7.1）！

图 7.1 时装设计草图

英文 Prompt：

Fashion design sketch of a red jumpsuit with a V-neckline and waist belt, full-body view on a white paper background, with loose strokes and elegant lines --ar 2:3 --v 6.1

中文解析：

一件红色连体裤的时尚设计草图，带有 V 领和腰部腰带，全身视图放在白纸背景上，笔触松散，线条优雅

开始加细节,一件白色长衬衫裙,点缀蕾丝和褶皱。在生成结果中蕾丝的部分不甚明显,但附赠了侧身图(图7.2)。

英文 Prompt:

Fashion design sketch, detailed hand drawing of an oversized white blouse with ruffles and lace details, high collar neckline, and long sleeves. full-body view, with the model wearing black boots. The fashion design sketch is on paper, in a front-facing perspective, against a white background --ar 2:3 --v 6.1

中文解析:

时尚设计草图,一件超大白色衬衫的详细手绘稿,带有褶边和蕾丝细节,高领领口和长袖。全身视图,模特穿着黑色靴子。服装设计草图是在纸上,正面透视,白色背景

图7.2 衬衫裙设计图

牛仔元素是永恒的经典(图7.3)。

英文 Prompt:

A fashion design sketch of a denim shirt with long sleeves, buttoned at the top and open down below, layered over a pleated blue denim skirt, worn by a model in combat boots, in soft pastel colors, a highly detailed drawing, with a highly textured background, and a full-body shot --ar 2:3 --v 6.1

中文解析:

一件长袖牛仔衬衫的时尚设计草图,顶部扣上纽扣,下面敞开,叠在一条有褶裥的蓝色牛仔裙上,被一位穿着战斗靴的模特穿着,颜色柔和,一幅非常详细的图画,背景质感很强,一张全身照

图7.3 牛仔元素设计草图

街头潮流风

潇洒,慵懒,将街头涂鸦带来的鲜活色彩直接穿在身上(图7.4)。

英文 Prompt:

Fashion design sketch, a streetwear-inspired fashion sketch of an oversized hoodie and cargo pants combo, featuring bold graffiti prints, vibrant colors, tassel decoration, and edgy urban aesthetics, perfect for a modern, youthful look --ar 2:3 --style raw

中文解析:

时尚设计草图,受街头服饰启发的超大连帽衫和工装裤组合的时尚草图,以大胆的涂鸦印花、鲜艳的色彩、流苏装饰和前卫的城市美学为特色,非常适合现代、年轻的外观

图7.4 涂鸦风格效果图

融入非洲部落图腾让设计变得更加多元化(图7.5)。

英文 Prompt:

Fashion design sketch, a street hip-hop fashion sketch inspired by African style, streetwear, tribal tattoos, totem pattern decoration, bizarre design, exagerate design, ink splashes surround the character, with vibrant colors against a white background --ar 2:3 --style raw

中文解析:

时尚设计草图,一种街头嘻哈时尚草图,灵感来自非洲风格,街头服饰,部落纹身、图腾图案装饰,奇异设计,夸张设计,角色周围有泼墨,以鲜艳的色彩映衬在白色背景之上

图7.5 民俗风男装效果图

未来科技风

未来主义、机器人、赛博朋克都是热门词汇。荧光绿与透明塑料质感的 PVC 人造材质相得益彰（图 7.6）。

英文 Prompt：

Fashion design sketch, futuristic lime green and white high-fashion robot woman outfit, transparent plastic coat, full-body shot, fluorescent green, white background, cyberpunk aesthetic --ar 2:3 --style raw --v 6.1

中文解析：

时尚设计草图，未来主义的石灰绿和白色高级时尚机器人女装，透明塑料外套，全身照，荧光绿，白色背景，赛博朋克美学

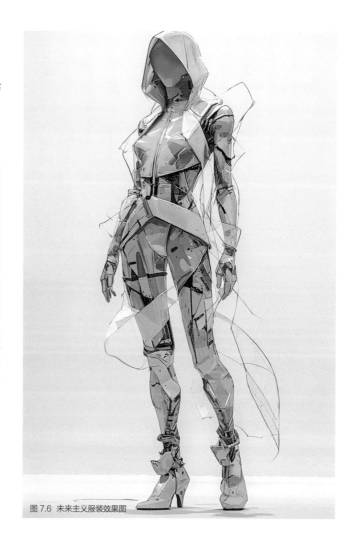

图 7.6 未来主义服装效果图

加上喜欢的外星元素。外星朋克，机器人朋克，万物皆可朋克（图 7.7）。

英文 Prompt：

Fashion design sketch of an avant-garde costume, set against a white background with blue and red accents, metallic details, and inspired by the futuristic world, futurism, cyberpunk, robotpunk, gouache and ink effects --ar 2:3 --style raw --v 6.1

中文解析：

前卫服装的时装设计草图，背景为白色，带有蓝色和红色的色调，金属细节，灵感来自未来主义、赛博朋克、机器人朋克、水粉和墨水效果

图 7.7 未来主义服装效果图

浪漫波希米亚风

波希米亚风,又被称为"嬉皮士风"或"吉普赛风",起源于19世纪的欧洲,是反对传统、追求自由精神的一种文化表现。在时尚界,波希米亚风通常呈现为宽松、飘逸的衣物,如长裙、蕾丝、流苏、印花等元素,强调自然、舒适和个性化的穿搭。这种风格倡导的是不拘一格,打破常规,追求自我表达(图7.8)。

英文 Prompt:

Fashion design sketch, a long purple and yellow silk bohemian dress with intricate details, white background, bohemian style of jewelries decoration, necklace, bracelets, earrings, highly detailed, high resolution --ar 2:3 --v 6.1 --style raw

中文解析:

时装设计草图,一件长款紫色和黄色丝绸波希米亚连衣裙,细节精致,白色背景,波希米亚风格的珠宝装饰,项链、手镯、耳环,细节丰富,分辨率高

图7.8 水彩风波希米亚服装效果图

偏日常的波希米亚复古风搭配(图7.9)。

英文 Prompt:

Fashion design, watercolor painting of a beautiful, elegant young bohemian woman in vintage pants with flowers painting, a long fringed shawl sweater, and a beaded necklace with colorful floral patterns, highly detailed illustration isolated on a white background --ar 2:3 --style raw --v 6.1

中文解析:

时装设计,一幅美丽优雅的波希米亚年轻女子的水彩画,穿着复古裤子,上面画着花朵,一件长流苏披肩毛衣,一条饰有五颜六色花朵图案的串珠项链,白色背景上孤立的高度详细的插图

图7.9 水彩风波希米亚复古服装效果图

日常清新风

让我们打开 Niji 模式。偏日系的日常清新风格，通常给人一种简约、自然、舒适的感觉，用 Niji 来诠释再合适不过（图 7.10）。

英文 Prompt：

Fashion design, a cute girl wearing a plaid skirt and long coat, in the style of retro Japanese anime, with vintage-inspired , a dark red color scheme, and a white background. The full-body shot is full of details, with simple lines and a flat illustration style reminiscent of vintage manga and 90s animation --ar 2:3 --niji 6

中文解析：

时尚设计，一个穿着格子裙和长外套的可爱女孩，采用复古日本动漫的风格，复古风格，深红色配色方案，白色背景。这张全身照充满了细节，线条简单，插图风格平淡，让人想起复古漫画和 90 年代的动画

图 7.10 漫画风日常装效果图

非常适合日常通勤和工作场合的清新上班族。它既保留了日系清新的自然感，又带有一定的正式感（图 7.11）。

英文 Prompt：

Fashion design, a woman wearing an oversized coat, checkered trousers, and black shoes in the style of a hand-drawn illustration, Japanese manga, academic atmosphere, detailed design, against a white background, in a full-body portrait, with light gray and dark beige tones, and a vintage aesthetic --ar 2:3 --niji 6

中文解析：

时装设计，一个穿着超大外套、格子裤和黑色鞋子的女人，手绘插图风格，日本漫画，学术氛围，详细设计，白色背景，全身肖像，浅灰色和深米色色调，复古美学

图 7.11 漫画风日常服装效果图

慵懒随性的几何之美（图 7.12）。

图 7.12 漫画风日常装效果图

英文 Prompt：

Fashion design, illustration of a model wearing an oversized dark blue long coat with geometrical patterns in gray and navy colors. The model is wearing a long skirt made from layered sheer fabrics in different shades of blue. The model is standing on a white background, with long hair and black boots. The overall style is minimalistic, with muted pastel tones, and highly detailed --ar 2:3 --style raw --niji 6

中文解析：

时装设计，模特穿着一件超大的深蓝色长外套，上面有灰色和海军蓝的几何图案。模特穿着一条由不同深浅的蓝色分层透明面料制成的长裙。模特站在白色背景上，留着长发，穿着黑色靴子。整体风格简约，柔和的色调，高清细节

复古时装风

复古时装风格是一种通过借鉴过去特定年代的服饰风格和设计元素,来重新诠释经典时尚的穿搭方式。它不仅是一种潮流,更是一种文化符号和情感表达。在Midjourney里尝试用比较模糊的概念(vintage-inspired)来让其自由发挥,得到了令人惊喜的作品(图7.13、图7.14)。

图7.13 水彩风复古时装效果图

英文Prompt:

Fashion design illustration of a full-body view of a modern woman wearing a vintage green and black shimmering top with long sleeves and pants, in the style of watercolor illustrations, vintage aesthetics, on a white background, clipart isolated on a pure, clear background --ar 2:3 --style raw --niji 6

中文解析:

现代女性穿着复古绿色长裤和闪闪发光的黑色长袖上衣,在白色背景上,以水彩插图、复古美学、剪贴画的风格,背景纯净、清晰,全身视图的时尚设计插图

图 7.14 水彩风复古时装效果图

英文 Prompt:

Fashion design sketch, featuring elegant women in vintage-inspired outfits with ruffled sleeves and pleated skirts. Muted colors of grey blue or pastel pink, complemented by dark boots. A soft color palette creates an atmosphere reminiscent of the early spring season, full-body view of two models walking down a runway, while another features close-ups showcasing details like jewelry and hair accessories --ar 3:4 --niji 6

中文解析:

时装设计草图,以优雅的女性为特色,她们穿着复古风格的服装,袖子和裙子都有褶裥。灰色蓝色或淡粉色的柔和颜色,搭配深色靴子。柔和的色调营造出一种让人想起早春季节的氛围,两个模特在T台上行走的全身视图,其中一个模特展示了珠宝和发饰等细节的特写镜头

水手服也是复古潮流中不可或缺的元素（图7.15）。

图7.15 水彩风水手服效果图

英文 Prompt：

Fashion design sketch, in the style of light navy and gray, charming anime characters, vintage-inspired , red, white, and blue, full-body illustration, fashion illustrations, simple line drawings, vintage academia, romanticized nostalgia, vintage sailor-style uniform outfits with short pants, one wearing a long-sleeve shirt top and the other wearing a cardigan sweater vest top, on a white background --ar 2:3 --niji 6 --style raw

中文解析：

时尚设计草图，浅海军蓝和灰色风格，迷人的动漫人物，复古风格灵感，红、白、蓝等颜色，全身插图，时尚插画，简单的线条画，复古学术，浪漫的怀旧，复古水手风格的制服搭配短裤，一个穿着长袖衬衫上衣，另一个穿着开襟羊毛衫背心上衣，白色背景

奢华晚礼服

用 Midjourney 设计高定礼服系列就像一场充满无限可能的奇幻冒险，它带给笔者的不仅仅是创作的乐趣，更是一种前所未有的体验。

浅粉和白色的羽毛是脑海里的初始元素，加入"Paris Fashion Week"（巴黎时装周）、"fashion show"（时装秀）等提示词来设定高级感。Midjourney 展现了其设计才能，恰到好处地将浅粉色半透明蕾丝裙与白色絮状羽毛装饰完美结合，呈现出极为惊艳的视觉效果（图 7.16）。

图 7.16 色卡技法礼服效果图

英文 Prompt：

Fashion illustration, fashion design sketch, light pink dress with white feather trim on the shoulders of a long, flared skirt, front view, an elegant woman wearing the gown at Paris Fashion Week, fashion show scene, full-body shot, detailed hand drawing, soft color palette, soft lighting, watercolor, digital art, high resolution, illustration, concept art, in the style of fantasy --ar 2:3 --v 6.1

中文解析：

时装插图、时装设计草图、浅粉色连衣裙、长喇叭裙肩上有白色羽毛装饰、正面图、巴黎时装周上穿着礼服的优雅女子、时装秀现场、全身拍摄、手绘细节、柔和调色板、柔和灯光、水彩画、数字艺术、高分辨率、插图、概念艺术、幻想风格灵感来源于大海与飞溅的浪花（图 7.17）。

英文 Prompt：

A fashion illustration sketch of an woman in a light exagerate blue short dress inspired of ocean waves, splashing effect, full-body view, fashion sketch, fashion design drawing, exagerate style, glamorous, intricate details, luxurious, chic, and sophisticated style, high resolution, detailed --ar 2:3 --v 6.1

中文解析：

一幅时尚插画草图，描绘了一位穿着浅色夸张蓝色短裙的女性，灵感来自海浪、飞溅效果、全身构图、时尚素描、时尚设计图、夸张风格、迷人、复杂的细节、奢华、别致和精巧的风格、高分辨率、充满细节

图 7.17　钢笔淡彩礼服效果图

用 Niji 来表达水彩与花朵又是一种温柔娴静的风格（图 7.18）。

英文 Prompt：

Fashion design, a watercolor illustration of an elegant evening gown with ruffles and layers in shades of blue, adorned with delicate purple flowers on the dress's hem, featuring subtle details and soft edges for an artistic touch. The background is a plain white to highlight the intricate design of the fashion piece. A hand-drawn feel meets graphic design aesthetics --ar 2:3 --niji 6

中文解析：

时装设计，一幅水彩插图，描绘了一件优雅的晚礼服，有荷叶边和蓝色层次，下摆装饰着精致的紫色花朵，细节精致，边缘柔软，具有艺术感。背景是纯白色，以突出时装作品的复杂设计。手绘的感觉符合平面设计美学

图 7.18　水彩风礼服效果图

词汇表

1. 基础服装类别提示词

用来定义基本服装类型

- dress（连衣裙）
- gown（礼服）
- suit（西服套装）
- blazer（西装外套）
- jacket（夹克）
- coat（大衣）
- shirt（衬衫）
- t-shirt（T恤）
- sweater（毛衣）
- hoodie（连帽衫）
- skirt（半身裙）
- pants（裤子）
- jeans（牛仔裤）
- shorts（短裤）
- cardigan（开衫）
- kimono（和服）
- robe（长袍）
- cape（披风）
- cloak（斗篷）
- overalls（工装连体裤）
- jumpsuit（连体衣）

2. 风格相关提示词

用来定义服装的整体风格和氛围

- minimalism（极简主义）
- casual（休闲风）
- formal（正式）
- vintage（复古风）
- bohemian / boho（波希米亚风）
- punk（朋克风）
- gothic（哥特风）
- cyberpunk（赛博朋克风）
- steampunk（蒸汽朋克风）
- avant-garde（前卫风）
- ethereal（缥缈风）
- fantasy（奇幻风）
- futurism（未来主义）
- streetwear（街头风）
- chic（时尚简约）
- elegant（优雅风）
- grunge（颓废风）
- luxe（奢华风）

3. 材质关键词

用来指定服装的材质和质感

- silk（丝绸）
- satin（缎面）
- velvet（天鹅绒）
- cotton（棉质）
- linen（亚麻）
- leather（皮革）
- denim（牛仔布）
- wool（羊毛）
- cashmere（羊绒）
- chiffon（雪纺）
- tulle（薄纱）
- organza（欧根纱）
- lace（蕾丝）
- metallic（金属质感）
- plastic（塑料质感）
- neoprene（潜水布料）
- sequins（亮片材质）
- feathers（羽毛）
- fur（毛皮、皮草）

4. 装饰与细节提示词

用来定义服装的装饰元素和细节

- embroidery（刺绣）
- beaded（珠饰）
- ruffles（荷叶边）
- fringe（流苏）
- studded（铆钉）
- button（纽扣）
- zipper（拉链）
- cut-out（镂空设计）
- pleated（褶裥设计）
- ruched（抽褶设计）
- bow（蝴蝶结）
- appliqué（贴花装饰）
- patchwork（拼接设计）
- sheer（透视设计）
- quilted（绗缝设计）
- chains（链条装饰）

5. 颜色相关提示词

基础颜色名称

- red（红色）
  - crimson（深红）
  - scarlet（猩红）
  - burgundy / wine（酒红）
  - maroon（栗红）
- orange（橙色）
  - amber（琥珀色）
  - tangerine（橘红）
  - peach（桃色）
  - apricot（杏色）
- yellow（黄色）
  - gold（金色）
  - mustard（芥末黄）
  - lemon（柠檬黄）
  - canary（亮黄）
- green（绿色）
  - emerald（祖母绿）
  - olive（橄榄绿）
  - mint（薄荷绿）
  - lime（青柠绿）
  - jade（翡翠绿）
  - forest green（森林绿）
- blue（蓝色）
  - navy（海军蓝）
  - royal blue（皇家蓝）
  - sky blue（天蓝）
  - baby blue（婴儿蓝）
  - sapphire（宝石蓝）
  - teal（青蓝色）
  - turquoise（绿松石色）
- purple（紫色）
  - lavender（薰衣草紫）
  - lilac（浅紫）
  - mauve（藕荷色）
  - plum（李子紫）
  - violet（紫罗兰色）
  - amethyst（紫晶色）
- pink（粉色）
  - blush（腮红粉）
  - bubblegum（泡泡糖粉）
  - rose（玫瑰粉）
  - salmon（鲑鱼粉）
  - coral（珊瑚粉）
- brown（棕色）
  - chocolate（巧克力色）
  - coffee（咖啡色）
  - caramel（焦糖色）
  - taupe（灰棕色）
  - chestnut（栗棕色）
- grey（灰色）
  - charcoal（木炭灰）
  - ash（灰烬色）
  - silver（银灰色）
  - slate（石板灰）
- black（黑色）
  - jet black（纯黑）
  - charcoal black（炭黑）
  - matte black（亚光黑）
- white（白色）
  - ivory（象牙白）
  - pearl（珍珠白）
  - cream（奶油白）

渐变与特殊色效果

- gradient（渐变色）
  - rainbow gradient（彩虹渐变）
  - sunset gradient（夕阳渐变）
  - ocean gradient（海洋渐变）
  - pastel gradient（柔和渐变）
- iridescent（彩虹色，随角度变色）
- holographic（全息色）

- metallic（金属色）
  - bronze（青铜色）
  - copper（铜色）
  - silver（银色）
  - gold（金色）
  - rose gold（玫瑰金）
  - platinum（铂金色）
- neon（霓虹色）
  - neon pink（霓虹粉）
  - neon green（霓虹绿）
  - neon yellow（霓虹黄）
  - neon blue（霓虹蓝）
- pearlized（珠光色）
- transparent / translucent（透明或半透明）

色彩搭配关键词

- monochrome（单色系）
- complementary colors（互补色）
- analogous colors（邻近色）
- contrasting colors（对比色）
- neutral tones（中性色调）
- warm tones（暖色调）
- cool tones（冷色调）
- earthy tones（大地色系）
- jewel tones（宝石色系）
- bright / vibrant（亮色系）
- muted / subdued（柔和色系）
- pastel colors（粉彩色系）
- dark / deep colors（深色系）
- light colors（浅色系）

与情绪相关的颜色描述

- romantic（浪漫色调）
- mysterious（神秘色调）
- energetic（活力色调）
- calming（平静色调）
- luxurious（奢华色调）
- playful（俏皮色调）
- elegant（优雅色调）
- bold（大胆色彩）
- subtle（低调色彩）

6. 历史相关提示词

基础词汇

- ancient（古代）
- medieval（中世纪）
- Renaissance（文艺复兴）
- baroque（巴洛克）
- rococo（洛可可）
- Victorian Era（维多利亚时代）
- Edwardian Era（爱德华时代）
- early 20th Century（20世纪初）
- World War II Era（二战时期）
- Cold War Era（冷战时期）

古代文明

- Egyptian（埃及的）
- Greek（希腊的）
- Roman（罗马的）
- Chinese（中国的）
- Japanese（日本的）
- Indian（印度的）
- Persian（波斯的）
- Mayan（玛雅的）
- Incan（印加的）
- Viking（维京人，维京的）

历史服饰风格

- toga（托加长袍）
- tunic（束腰外衣）
- knight's armor（骑士盔甲）
- court dress（宫廷礼服）
- bustle dress（蓬蓬裙）
- corset（紧身胸衣）
- robe（长袍）
- kimono（和服）
- hanfu（汉服）
- sari（纱丽）

历史装饰元素

- lace（蕾丝）
- embroidery（刺绣）
- jewelry（珠宝）
- feathers（羽毛）
- shawl（披肩）
- headgear（帽饰）
- belt（腰带）
- gloves（手套）
- bow tie（领结）

历史图案和纹理

- classical patterns（古典图案）
- floral patterns（花卉图案）
- geometric patterns（几何图案）
- heraldry（纹章）
- persian carpet patterns（波斯地毯图案）
- chinoiserie（中式风格）
- japonisme（日式风格）
- Indian embroidery（印度刺绣）
- baroque ornamentation（巴洛克装饰）
- rococo ornamentation（洛可可装饰）

历史人物和角色

- king（国王）
- queen（王后）
- princess（公主）
- prince（王子）
- knight（骑士）
- noble（贵族）
- commoner（平民）
- monk（僧侣）
- samurai（武士）
- dancer（舞者）
- scholar（学者）
- explorer（探险家）

历史事件和文化

- wedding（婚礼）
- coronation（加冕礼）
- ball（舞会）
- festival（庆典、节日）
- religious ceremony（宗教仪式）
- battlefield（战场）
- court（宫廷）
- market（市集）
- holiday（节庆）
- traditional customs（传统习俗）

7. 功能和用途

- casual wear（日常穿着）
- formal wear（正式场合）
- fashion expression（时尚表达）
- identity symbol（身份象征）
- cultural heritage（文化传承）
- professional needs（职业需求）
- wedding attire（婚礼服饰）
- evening wear（晚礼服）
- sportswear（运动服）
- casual wear（休闲服）
- workwear（工作服）
- medical uniforms（医疗服）
- protective gear（防护服）

8. 设计理念

- innovative（创新）
- practical（实用）
- eco-friendly（环保）
- sustainable（可持续）
- versatile（多功能）
- minimalist（简约的）
- luxurious（奢华的）
- comfortable（舒适的）
- personalized（个性化的）
- tech-inspired（科技灵感）
- customized（定制）
- limited edition（限量版）
- seasonal（季节性的）
- trendy（时尚前沿）
- classic（经典的）

9. 技术和工艺

- 3D printing（3D打印）
- smart fabric（智能面料）
- seamless construction（无缝拼接）
- laser cutting（激光切割）
- ultrasonic welding（超声波焊接）
- digital design（数字化设计）
- handcrafted（手工制作）
- traditional techniques（传统工艺）
- sustainable production（可持续生产）
- modular design（模块化设计）

后 记

在这个创意无限的时代，我们以《Midjourney：AI 服装设计创作教程》为舟，航行在艺术与科技交融的浩瀚海洋。随着科技的不断进步，设计的边界也在不断被重新定义。Midjourney 作为人工智能与艺术设计相结合的工具，正为我们打开一个充满无限可能的创意世界。

然而，工具始终只是手段，真正的创造力源自设计师的内心。AI 可以帮助我们打破常规的思维模式，生成意想不到的设计元素，但每一个作品的背后，依然需要设计师的独特洞察和对美的理解。Midjourney 为我们提供了一个平台，赋予我们更广阔的想象空间，但设计之路的掌舵者始终是我们自己。

未来的服装设计可能会越来越智能化、自动化，但无论技术如何演进，设计的核心依然是人类的情感、文化和个性。希望这本书能为您在服装设计的道路上，带来新的灵感和深入的思考。愿每一位设计师都能在与 AI 的协作中，找到属于自己的独特创意表达，持续追求艺术与技术的完美融合。

未来已来，愿你我共同开启这段充满无限创意的旅程！

王筠陵
2025 年 1 月